디스커버리 수학 3

초등 3학년 이상

학교에서는 경험할 수 없었던 **흥미만점 수학 도전과제**

미션 **5** 스턴트맨이 되어 보자
미션 **6** 도전! 익스트림 스포츠

들어가는 말

- 생활 주변에서 일어나는 현상을 수학적으로 관찰하고 조직하는 경험을 통하여 수학의 기초적인 개념, 원리, 법칙을 이해하는 능력을 기른다.
- 수학적으로 사고하고 의사소통하는 능력을 길러 생활 주변에서 일어나는 문제를 합리적으로 해결하는 능력을 기른다.
- 수학에 대한 관심과 흥미를 가지고, 수학의 가치를 이해하며 수학에 대한 긍정적 태도를 기른다.

위의 세 가지는 바로 2009년부터 시행되는 개정 교육과정에 제시된 초등학교 수학교육의 목표입니다. 이 목표가 제대로 이루어진다면 초등학교를 마친 학생들은 수학을 친근하게 느끼고, 수학적인 사고력으로 주변에서 부딪히는 문제들을 해결해 나갈 수 있을 것입니다.
그런데 우리 어린이들은 '수학' 이라는 말만 들어도 고개를 절레절레 흔듭니다. 그냥 어려운 것이 아니라 왜 배우는지를 모릅니다. 어찌 생각하면 어른들이 어린이들을 골탕 먹이려고 만든 것이 아닐까 의심하기도 합니다.

왜 이렇게 되었을까요?

바로 우리 어른들이 아이들에게 강요한 수학 공부의 방식에 그 답이 있습니다. 우리 아이들은 초등학교 때부터 매일매일 풀어야 하는 학습지와 계산력을 높이는 반복학습형 학습지에 치여 삽니다. 왜 수학이 필요한지, 수학이 어떻게 우리 생활에 도움이 되는지, 수학을 통해서 길러지는 사고력이 얼마나 중요한지는 느껴볼 겨를이 없습니다. 오히려 반복되는 계산과 단순 문제 풀이가 아이들로 하여금 점점 수학을 외면하고 피하게 만듭니다.

영국 초등학생들이 배우는 'Using Maths - Exciting Real Life Maths Activities (수학 활용하기 – 흥미진진한 실생활 수학 활동)' 는 아울북 초등교육연구소가 우리 아이들에게 수학의 재미를 찾아주고, 수학적 사고력과 실생활 활용 능력을 키워 주기 위해 소개하는 첫 번째 외국 수학책입니다.

영국 Ticktock사에서 총 12권으로 발간한 〈Using Maths〉 시리즈는 아이들이 흥미 있어 하는 12개의 분야를 뽑아, 그 분야의 생활을 통해 수학적 사고를 기르고 문제를 해결하는 경험을 하도록 구성되어 있습니다.

예를 들어 아이들이 즐겨 찾는 '동물원을 구하라'편 (제 1권 미션1) 을 보면, 동물원에서 벌어지는 여러 가지 활동들을 보여줍니다. 어떤 동물을 동물원에 데려와서, 돌보고, 치료하고, 새끼를 낳아 키우는 과정을 보여줌으로써 현실성과 흥미를 느끼게 합니다. 그리고 그 과정에서 부딪히는 문제들을 수학적으로 사고하고 해결할 수 있도록 자료와 문제를 제시합니다. 아이들은 흥미 있는 소재를 따라가며 재미있고 자연스럽게 수학적 사고와 문제 해결 방법을 익히게 됩니다.

또한 점보제트기 조종, 에베레스트 등반 등 모두 12가지 주제에서 과학, 지리 등 여러 가지 분야와 관련된 문제들을 해결하면서 통합적인 사고력을 키우게 됩니다. 여러 가지 직업에 대한 정보도 얻고, 미래의 그가 되어 간접 경험을 하는 것은 이 책이 선물하는 덤입니다.

〈디스커버리 수학 시리즈〉는 수학의 기본 개념을 이해하고 있는 학생들이 읽으면 좋습니다. 이런 학생들은 이 책의 활동을 따라가며 제시되는 자료들을 분류하고 활용하면서 수학적 창의성과 통합적 사고력을 키우게 될 것입니다.

또한 〈디스커버리 수학 시리즈〉는 수학의 가치를 이해하지 못하는 아이들에게도, 학교에서 배우는 수학이 사실 아주 재미있는 과목이며, 우리 생활과 밀접하게 연관되어 있다는 것을 느끼게 해줌으로써 학습 동기와 의욕을 북돋아줄 것입니다.

〈디스커버리 수학 시리즈〉는 모두 6권으로 구성되어 있습니다.

	제 1권	제 2권	제 3권	제 4권	제 5권	제 6권
미션 1	동물원을 구하라	자동차 경주에서 우승하기	스턴트맨이 되어 보자	산에서 살아남기	화성 탐사	초고층 건물 세우기
미션 2	나는야 과학수사대	날아라! 점보제트	도전! 익스트림 스포츠	에베레스트 등반	체험! 종합병원 응급실	롤러코스터 설계

아울북 초등교육연구소

이렇게 활용해요

수학은 우리가 살아가는 데 중요한 역할을 합니다. 게임을 하거나, 자전거를 탈 때, 쇼핑할 때도, 사실 하루 종일 수학이 사용되지 않는 곳이 없어요. 일을 할 때에도 누구나 수학을 사용할 필요가 있답니다. 여러분이 잘 느끼지 못할 수 있지만, 살아남기 위해서도 수학을 이용한답니다. 이 책을 통해 여러분은 직접 스턴트맨이 된 것 같이 경험하며 스턴트맨의 생활의 자료와 사실을 가지고 흥미로운 수학적 활동을 할 거예요. 수학적 사고력을 키우고 또 한편으로는 스턴트맨의 하루와 스턴트맨의 아슬아슬한 연출 등에 숨어 있는 흥미로운 것들도 알 수 있을 것입니다.

다음을 보면 이 흥미로운 책을 효과적으로 활용하는 데 도움이 될 거예요.

스턴트맨에 대한 읽을거리

스턴트 작업 일지

스턴트맨이 되어 영화 속에서 위험한 촬영을 할 때 수학적 내용을 이용하여 상황을 해결해 나갈 수 있도록 도와줘요.
몇몇 질문의 답을 찾기 위해, **DATA BOX**에서 자료를 수집하는 것이 필요하며, 때로는 도표나 도형 또는 문장으로부터 자료와 사실을 찾아야 합니다.

준비가 되었나요? 그렇다면 지금부터 수학이 스턴트맨에게 어떤 도움이 되는지 알아볼까요?

주제와 관련된 재미있는 이야기

DATA BOX

이 박스에는 여러분의
수학적 활동을 도와주는
중요한 자료들이 있어요.
이 자료를 충분히
활용해 보세요.

영화에서는 주연 배우가 수백 만 파운드의 진짜 페라리를 운전하고
있습니다. 하지만 스턴트 장면에서는 값이 싼 조립 자동차가 사용됩니다.

도전 문제

자신 있다면
이 문제에 도전해 보세요.

마무리 도전 문제

11개의 이야기를 통해 스턴트 촬영을
무사히 마쳤다면, [마무리 도전 문제]
를 통해 실력을 한 단계 업그레이드
시켜 보세요.

성공을 위한 팁

도전 중 도움이 필요하다면, [성공을
위한 팁]에 여러분을 도와줄 설명이
있답니다.

이해를 돕는 개념 설명

만일 [성공을 위한 팁]의 내용을 좀더
깊게 알고 싶다면, [이해를 돕는 개념
설명]을 참고해 보세요.

정답 및 해설

72-79쪽에서 정답을 확인해 보세요.
정답을 보기 전에 가능한 모든 방법을
찾아보고, 깊게 생각해 보기 바랍니다.

목차

^{미션}6 도전! 익스트림 스포츠

이런 내용들을 공부해요

계산
- 2단, 3단, 10단 곱셈 : 13쪽
- 6단, 7단, 8단, 9단 곱셈 : 17, 31쪽

수
- 소수 : 16쪽
- (수직선을 이용한) 어림하기 : 30쪽
- 수 배열(수열) : 33쪽
- 자릿값 : 23쪽

생활 속 문제 해결
- 측정 : 22쪽
- 돈 : 28쪽
- 시간 : 12, 16, 22쪽

자료 다루기
- 표, 그래프, 다이어그램 : 12, 14, 15, 18, 19, 21, 24, 26, 27, 28, 30, 31쪽

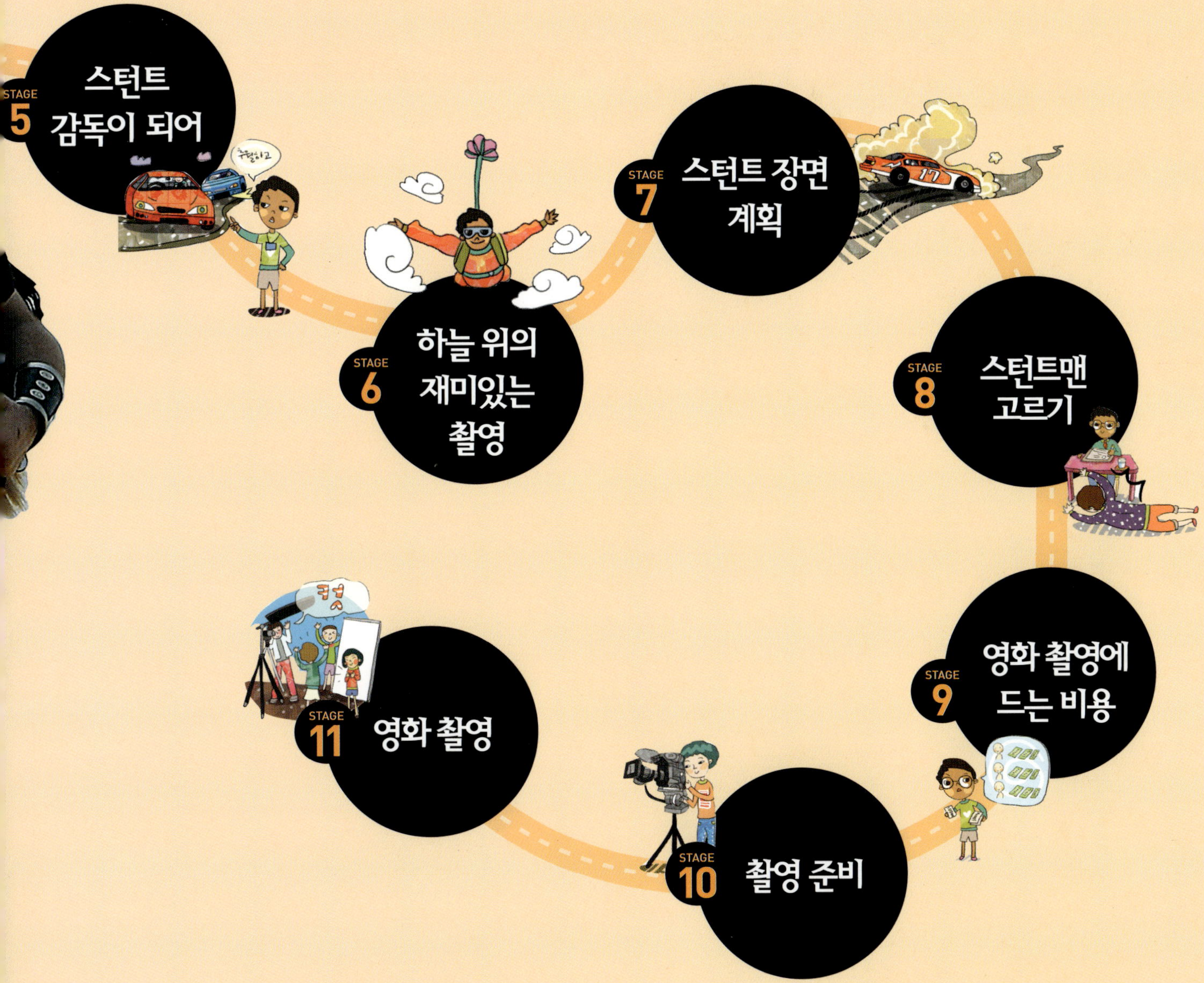

측정
- 넓이 : 15쪽
- 어림하기 : 21, 29쪽
- 어림하고 확인하기 : 17, 29쪽
- 측정 단위 변환 : 21쪽
- 눈금 (눈금 어림하기와 읽기) : 30쪽
- 시간 (아날로그 시계 읽기) : 12쪽
- 단위 사용하기 : 15, 19, 21, 22, 26, 27, 29쪽

도형과 공간
- 입체도형 : 32쪽
- 각도 : 18쪽
- 선대칭 : 17쪽

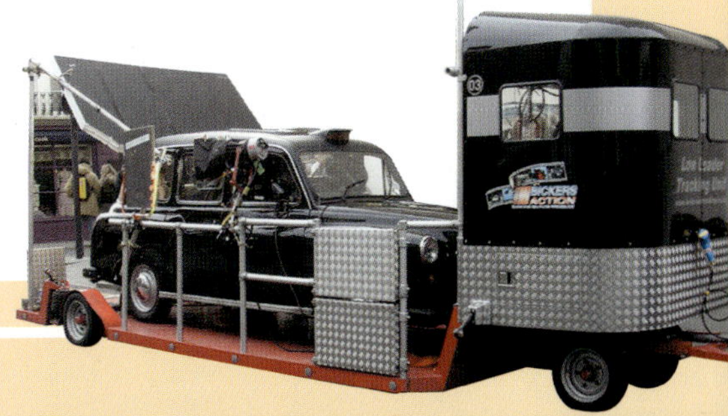

영화를 보면, 배우들이 오토바이를 타고 뛰어 내리고 차에 몸을 던지고 하는 아슬아슬한 액션 장면이 등장하곤 합니다.

배우들이 모두 소림사 출신일거라고요? 아니에요. 사실은 위험한 연기를 대신해 주는 사람이 따로 있답니다. 이런 전문 대역 연기자를 흔히 스턴트맨(stuntman)이라고 하지요. 묘기(stunt)를 부리는 사람(man)이라는 뜻처럼 그들이 영화를 위해 하는 연기는 서커스에서 볼 수 있는 묘기처럼 아슬아슬 합니다.

스턴트맨은 헐리우드 영화에서 빼 놓을 수 없는 존재지요.

영화사상 최초의 스턴트맨은 기병대 출신의 프랭크 하나웨였어요. 그는 1903년 '대열차강도'라는 영화를 촬영하던 도중 말에서 떨어지는 장면을 연기했어요.

헐리우드 영화 초기에는 이처럼 카우보이나 기병대 출신이 유난히 많았는데 이는 당시 영화의 액션이 대부분 말을 타고 달리다가 떨어지는 장면이 많은 서부 영화 중심으로 이루어졌기 때문이에요.

요즘은 예전보다 좀더 과감하고 위험한 액션을 연출하므로 스턴트맨은 훨씬 더 위험해졌습니다. 영화 '페이스 오프'로 유명한 **오우삼 감독**의 영화 **'적벽대전'** 촬영 현장에서는 스턴트맨이 사고로 죽는 경우도 있었지요. 보트 2대가 서로 충돌하는 장면을 촬영하던 중 불이 나 스턴트맨 한 명이 사망했어요. 사망자 외에도 3명이 크게 다쳤다고 합니다.
그래서 이런 위험한 장면을 연출하기 위해서는 수 개월의 훈련 기간을 거쳐야만 합니다.

몇몇 스타들은 대역 연기를 관객에 대한 배우의 자세가 아니라고 생각하여 액션 연기를 직접 하는 경우도 있어요.
지금은 세상을 떠난 스티브 매퀸이 영화 '대탈주'에서 보여준 오토바이 질주 장면이나 클린트 이스트우드가 '아이거 북벽'에서 암벽 등반을 직접 한 것은 대표적인 예랍니다.
최근에는 홍콩 출신의 성룡이 스턴트맨 없이 위험한 액션을 직접 하는 것으로 유명하지요.

스턴트맨에 대해 더 알고 싶나요? 그럼 지금부터 스턴트맨의 생활 속으로 들어가 볼까요?

영화 속으로…

스턴트맨의 생활은 매우 바쁘고 흥미롭답니다. 비싼 차를 부수기도 하고, 건물에서 뛰어내리기도 합니다. 또한 오토바이를 타고 절벽 아래로 뛰어내리거나 비행기에서 떨어지기도 해요. 그들은 전 세계를 여행하며, 유명한 영화배우의 곁에서 일하는 기회를 얻습니다. 그리고 영화와 텔레비전 프로그램의 자막에 자신의 이름이 나오고, 배우처럼 팬레터를 받기도 한답니다. 스턴트맨은 경찰, 의사, 우주비행사, 외계인, 제다이*, 글래디에이터* 등 매우 다양한 역할을 연기합니다.

*제다이 : 영화 '스타워즈'에 나온 평화를 지키는 가상의 조직
*글래디에이터 : 검투사라는 뜻으로 러셀 크로우가 주연했던 영화의 제목

스턴트 작업 일지

영화를 촬영할 때,
스턴트맨은 안전하게 위험한 장면을 촬영할
수 있는 방법을 배우와 감독에게 설명합니다.
또한 특수효과* 팀과 함께 일합니다.
특수효과 팀은 폭파 장치를 설치하고,
영화 세트장을 꾸밀 때 도움을 주기도 합니다.

DATA BOX 를 보고, 다음 물음에 답하세요.

(1) 다음 각 시각에 스턴트맨이 하는 일은 무엇입니까?
오전 10 : 55, 오전 6 : 35, 오후 5 : 15, 오후 7 : 47
(2) 검술 장면 연습 시간은 모두 몇 시간인가요?
(3) 점심 식사 후 스턴트맨이 촬영한 시간은 모두 몇 시간입니까?
(4) 감독과의 회의 시간은 얼마인가요?

*특수효과 : 영화나 TV같은 영상 매체 등에서 특수하고 위험한 장면을 위해 장면의 한 부분을 제거하거나 삽입 또는 변형하는 등의 효과를 말합니다. 보통은 SF영화에서 자주 볼 수 있습니다.

36쪽에 도움말이 있습니다.

스턴트맨인 스티브 트루글리아가
영화 글래디에이터에서
검술 장면 연습을 하는 모습

체력 단련

스턴트맨은 몸이 좋아야 해요. 달리기와 수영같은 전신 운동도 하고, 체조나 요가처럼 근육을 뻗어 주는 운동도 합니다. 강하고 잘 단련된 몸은 어려운 스턴트*를 할 때 자신감을 줍니다.

*스턴트 : 주로 영화 촬영 따위에서 하는 위험하고 아슬아슬한 행위

스턴트맨의 하루 (각 일을 시작하는 시각을 표시한 시계입니다.)

3km 달리기

샤워하고
아침 먹기

스튜디오로
출발

스튜디오에
도착

검술 장면
연습

쉬는 시간

검술 장면
연습

점심 식사

검술 장면
촬영

감독과 회의

검술 장면
촬영

검술 장면
촬영 마침

수중 훈련

저녁 식사

스턴트맨은 유도, 킥복싱 등의
무술도 배웁니다.

여자 스턴트맨이 공중 그네에서
하늘을 나는 법을 배우는 모습

기술 익히기

스턴트맨은 특별한 기술을 익힙니다. 스카이다이빙, 줄에 매달려 허공 걷기, 등산, 절벽 오르기, 검술, 안장 없이 말 타기, 다치지 않고 계단에서 떨어지는 방법까지도 배웁니다.

도전 문제

어떤 여자 스턴트맨은 특수기술 훈련을
1주일에 14시간이나 한답니다.

다음 문장을 완성해 보세요.

(a) 이 여자 스턴트맨은 2주 동안 (   )시간을 훈련합니다.

(b) 3주 동안에는 (   )시간을 훈련합니다.

(c) 10주 동안에는 (   )시간을 훈련합니다.

높은 곳에서 떨어지는 장면

여자가 비명을 지르며, 건물 지붕에서 떨어지고 있습니다. 그녀는 팔을 흔들고 허공을 돌며, 땅을 향해 곤두박질치고 있습니다. 끔찍한 사고일까요? 아니에요. 그녀는 스턴트맨이고, 영화를 위해 높은 곳에서 떨어지는 장면을 연출하는 중이랍니다. 이 장면을 위해서는 떨어지는 순간이 완벽하게 계획되고 연습이 되어 있어야 합니다. 감독이 '컷!' 이라고 외치면, 여자 스턴트맨은 커다란 에어백 한가운데에 정확하게 착지합니다. 스턴트맨은 떨어지는 법과 땅에 착지하는 법을 배웁니다. 정확한 위치에 떨어지지 않으면, 크게 다쳐요.

스턴트 작업 일지

높은 곳에서 떨어지는 장면을 촬영하는 날입니다.
영화 세트장*에는 오래된 창고 건물을 꾸며 놓았습니다.

DATA BOX 는 세트장을
'위에서 본 모습' 입니다. 여러분은 스턴트맨이 정확한 위치에
떨어질 수 있게 안전 장비를 설치해야 합니다.

(예를 들어, D8 위치의 지붕에서 뛰어내린다면, D7에 에어백을 두어야 합니다.)

스턴트맨이 다음의 위치에서 뛰었을 때, 에어백을 두어야 할 위치를 하나만 적어 보세요.

(1) 발코니와 비상구 사이의 지붕에서 뛰어내린다면?

(2) 비상구 꼭대기에서 땅으로 뛴다면?

스턴트맨이 다음의 위치에서 뛰었을 때, 에어백을 두어야 할 위치를 모두 적어 보세요.

(3) 창틀에서 난간까지 뛴다면?

(4) 발코니에서 어느 쪽으로든 뛸 수 있게 하려면?

(5) 난간에서 어느 쪽으로든 뛸 수 있게 하려면?

*세트장 : 영화, 텔레비전 드라마 따위의 촬영에 쓰기 위하여 꾸민 곳

스턴트맨이
높은 곳에서 에어백
위로 떨어지는 연습을
하는 모습

스턴트맨은 대신 맨

대부분의 배우는 위험한 연기를 직접 하지 않아요. 위험한 연기를 하다가 다치게 되면 남은 영화 촬영과 여러 다른 프로그램에 출연할 수 없기 때문입니다. 그래서 특별 훈련을 받은 스턴트맨이 배우를 대신하여 위험한 장면을 찍습니다.

안전 제일!

스턴트맨이 대신 연기를 하는 동안 카메라가 잡히지 않는 곳에서 안전 요원이 대기하고 있어요. 연기를 하는 스턴트맨에게 문제가 생기면, 대기하고 있던 안전 요원이 도와줄 준비를 하죠. 예를 들면, 뛰어내린 스턴트맨이 엉뚱한 곳에 떨어질 것처럼 보이면, 재빨리 에어백의 위치를 옮겨 줍니다.

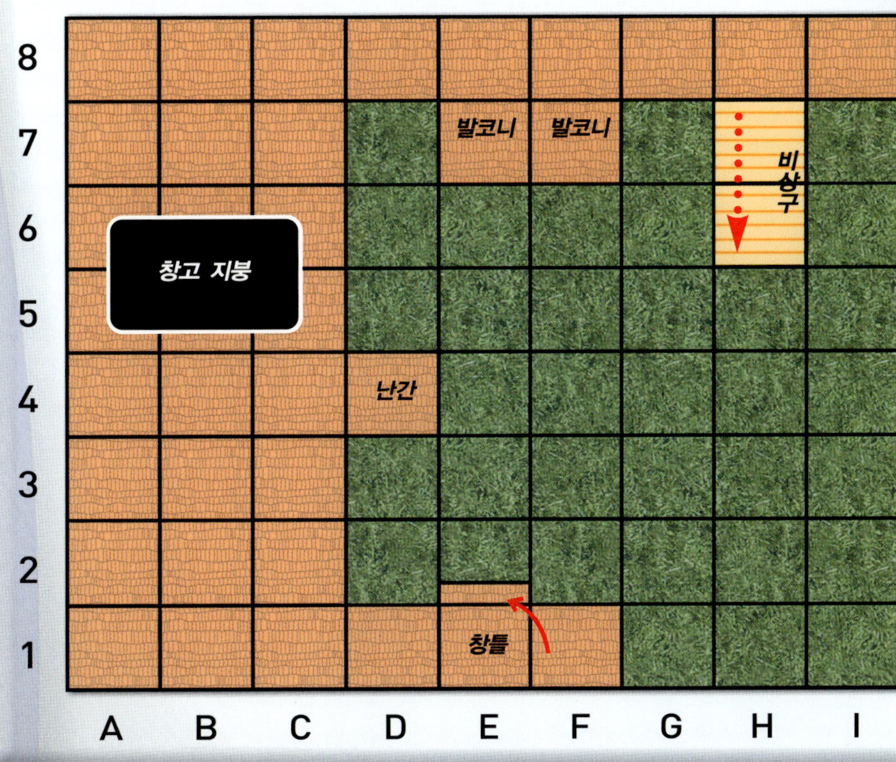

도전 문제

떨어지는 높이에 따라서
에어백의 크기가 달라져야 합니다.

(a) 스턴트맨은 영화 세트장에 맞는 에어백이 어떤 것인지 알고 있어야 합니다. 각 에어백의 넓이를 알아보세요.
넓이는 (가로)×(세로)로 하고, 단위는 ft^2(제곱피트)입니다.

떨어지는 높이 (ft)	에어백 치수(ft)		
	길이(가로)	폭(세로)	높이
30	12	8	4
50	14	12	6
70	15	14	8
100	25	20	10
150	30	25	15

(b) (가로)×(세로)×(높이)를 하면 에어백 안에 들어갈 공기의 양도 알 수 있습니다. 단위는 '세제곱피트(ft^3)'입니다. 100ft의 높이에서 떨어질 때, 사용하는 에어백에 들어가는 공기의 양은 몇 세제곱피트(ft^3)인가요?

36쪽에 도움말이 있습니다.

바람 빠진 에어백을 접는 모습

불 타는 장면

영화에서 악당이 불타오르는 장면을 보다 보면 그 속에 진짜 사람이 있다는 것을 잊어버리곤 해요. 불타는 장면은 경험 많은 스턴트맨만이 찍을 수 있답니다. 소화 장비를 준비한 소방관과 구급약을 준비한 안전팀이 대기하고, 시간을 재서 정확한 순간에 불을 꺼요. 온 몸이 불타는 장면을 찍을 때는 불에 타지 않는 옷으로 온몸을 감쌉니다. 이때, 불 속에 있는 동안에는 숨을 참아야 해요. 그렇지 않으면, 심각한 부상을 입거나 죽을 수도 있어요. 스턴트맨이 무사히 촬영을 마칠 수 있도록 다시 한번 철저히 준비합시다.

스턴트 작업 일지

오늘 나는 불이 붙는 장면에서 시간을 재는 일을 맡았습니다. 스턴트맨은 20초 동안 불 속에 있을 것이고, 다음의 행동들을 해야 합니다.

- 문 열기
- 앞으로 쓰러지기
- 구르기
- 일어섰다가 다시 쓰러지기
  (다 끝나면, 안전 요원이 불을 끕니다.)

나는 스턴트맨이 20초 동안 해야 할 모든 일을 확인해야 합니다.

(1) 문을 여는 데 3.2초가 걸렸다면, 이제 몇 초가 남았나요?

(2) 이어서 스턴트맨이 앞으로 쓰러지는 데 4.8초, 구르는 데 8.5초가 걸렸다면, 이제 남은 시간은 몇 초인가요?

(3) 11시 7분 55초에 촬영을 시작했습니다. 스턴트가 끝나고, 불을 꺼야 하는 시각은 언제인가요?

팔에 불을 붙인 모습. 스턴트맨은 불에 타지 않는 장갑을 끼고, 얼굴, 머리카락, 손과 장갑에 '아이스 젤'을 바릅니다.

불꽃 일으키기

불이 나는 장면을 찍을 때는 불꽃을 일으키는 특수 물질을 사용합니다. 이 물질을 스턴트맨의 방화복 전체에 뿌린 뒤에 불을 붙입니다. 그래서 스턴트맨은 몸이 불에 타지 않고, 불 속을 돌아다닐 수 있답니다.

방화복과 아이스 젤

온몸이 불에 휩싸일 때, 스턴트맨은 불에 타지 않는 물질로 만들어진 옷을 입습니다. 또한 특수 실리콘*이 섞인 마스크를 쓰고, 열로부터 눈을 보호해 주는 안경을 씁니다. 그리고 냉장고를 차갑게 하는 데 쓰이는 '아이스 젤'을 겉에 뿌립니다. 이 '아이스 젤'은 스턴트맨이 불 속에 들어가자마자 작동하여, 스턴트맨의 피부를 차갑게 해 줍니다. 불 붙는 장면에서 입을 옷을 밤새 '아이스 젤'에 담가두기도 해요.

* 실리콘 : 규소와 산소로 이뤄진 고분자화합물(거대 분자)

*온 몸에 불이 붙었을 때의 온도는
약 800℃입니다.*

도전 문제

불 속에 있는 20초 동안, 스턴트맨은 많은 압박을 받습니다.
숨을 참은 채로 연기를 하고, 불을 피해야 하니까요.

얼마나 집중할 수 있는지 확인해 볼까요? 아래의 문제를 시간을 재면서 풀어 보세요.
20초 안에 할 수 있나요?

(a) 0부터 5씩 뛰어세기를 500까지 해 봅시다. (0, 5, 10, 15, …, 500)

(b) 6의 단 곱셈구구를 거꾸로 외워 봅시다. '6×10=60' 부터 시작하세요.

(c) 'STUNTMAN' 이라고 쓰세요. 선대칭이 되는 글자를 찾아서 대칭축을 그려 보세요.

39쪽에 '선대칭'을 참고하세요.

위험한 운전 장면

액션 영화에 실감나는 자동차 추격 장면이나 충돌 장면이 없다면 흥미가 떨어지겠죠? 그래서 스턴트맨은 자신과 다른 배우, 촬영 스탭들이 다치지 않도록 고속이지만 안전하게 운전하는 법도 배우게 됩니다. 또한 미리 표시해 놓은 장소에서 정확하게 달리며, 멈추는 법을 배운답니다. 영화나 TV 장면에서 스턴트맨들은 자동차를 타고 건물에서 뛰어내리기, 다른 자동차와 충돌하기, 두 개의 바퀴로만 운전하기, 고장난 차 운전하기 등의 기술을 선보입니다.

스턴트 작업 일지

스턴트맨이 자신이 있어야 할 위치를 놓치면, 자동차가 카메라나 세트장, 심지어는 다른 사람과 충돌할 수도 있습니다.

스턴트맨은 다음의 네 가지 동작을 해야 합니다.
곧게 달리다가 아래 그림처럼 시계 방향으로 돌아 멈춰야 합니다.
(1) 각 동작에서 차가 돌아간 각도를 각도기로 재어 보세요.

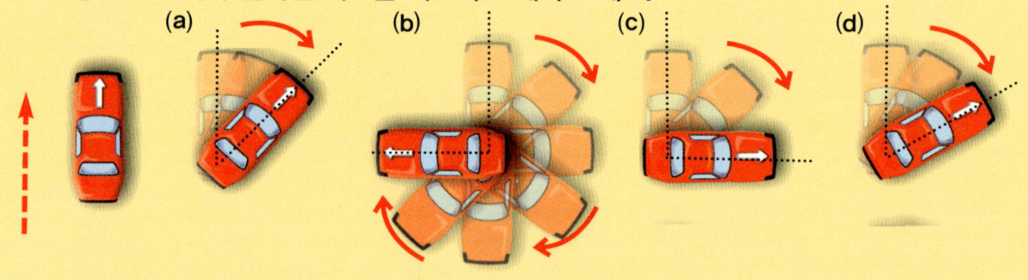

이번에는 빠른 속도로 차 돌리기를 합니다. 브레이크*와 핸들*로 차가 반대 방향으로 미끄러지게 하였습니다. 그 다음에 자동차 기어*를 1단에 두고, 속도를 줄여서 같은 속도로 계속 달렸습니다.
(2) 아래 그림과 같이 움직이려면, 몇 도를 돌아야 하나요?

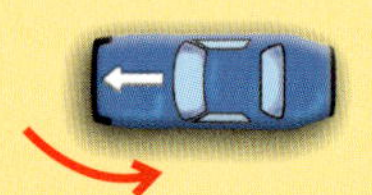

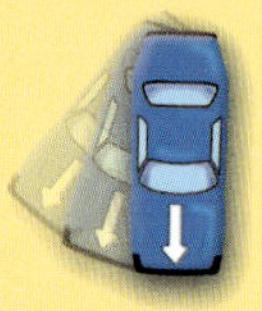

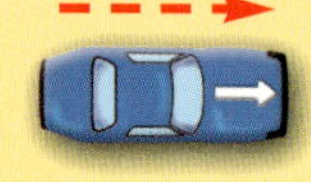

(3) 아래 그림을 보세요. 그림 속에서 차가 몇 도를 돌았나요?

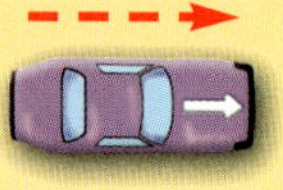

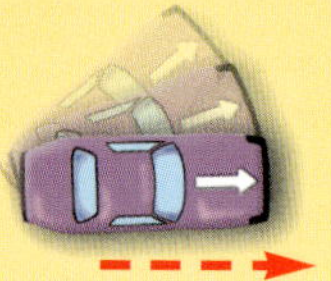

* 브레이크 : 기차·전차·자동차 따위의 차량이나 기계 장치의 운전 속도를 조절하고 제어하기 위한 장치
* 핸들 : 기계나 가구, 자동차, 선박 따위를 운전하거나 작동하는 손잡이
* 기어 : 톱니바퀴의 조합에 따라 속도나 방향을 바꾸는 장치

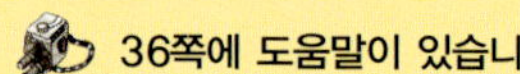 36쪽에 도움말이 있습니다.

DATA BOX 제동 거리

속도 km/시	제동 거리 (자동차 길이의 ( )배)
32	3
48	6
64	9
80	13
97	18
113	24

36쪽에 도움말이 있습니다.

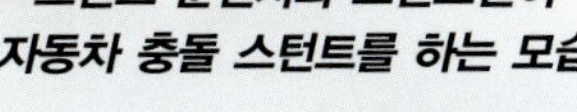

스턴트 운전자와 스턴트맨이
자동차 충돌 스턴트를 하는 모습

도전 문제

자동차가 빠르게 달려와서
사람 앞에 멈춰야 합니다.
이 장면을 위해 실험하는 방법을
아래에 적어 두었습니다.

일정한 속도로 달려와서 브레이크를
세게 밟습니다. 멈출 때까지
필요한 거리를 잽니다. 이 제동 거리
(멈출 때까지 필요한 거리)로
사람이 서 있을 위치와 브레이크를 밟을 위치를
정합니다. 같은 실험을 여러 번 반복해서
제동 거리를 구하였습니다.

DATA BOX 를 이용하여
다음 물음에 답하세요.

(a) 차의 길이가 3m이고, 80km/시로 달려왔다면,
제동 거리는 얼마인가요?

(b) 48km/시로 달리던 차의 제동 거리가 27m라면,
차의 길이는 얼마인가요?

(c) 차의 길이가 4m입니다. 제동 거리가 96m가 되
려면 얼마의 속도(km/시)로 달려야 하나요?

36쪽에 도움말이 있습니다.

정확하게 정지하기

특히 사람 앞에 정확히 멈춰야 할 때는 차 뒤에
줄을 매달아서 나무나 트럭과 같은 고정된 물
체에 묶어 둡니다. 그러면 차가 표시된 지점을
넘어가 사람을 치는 사고를 막을 수 있답니다.

스턴트 감독이 되어

스턴트 감독은 위험한 장면을 계획하고 만들어내는 전문가입니다. 보통 스턴트 감독은 많은 경험을 가지고 있는 스턴트맨이 맡게 됩니다. 스턴트 감독은 특수효과 팀, 세트 팀 및 의상 디자이너, 메이크업 아티스트들과 함께 일하기 때문에 영화를 만드는 여러 부서들이 하는 일을 모두 알고 있어야 해요. 또한 그 장면에 적합한 스턴트맨을 찾고, 예산을 어디에 쓸 것인지 정하고, 스텝들과 연습을 합니다. 그리고 영화 촬영하는 내내 모든 스턴트 팀의 안전에 책임을 져야 해요.

스턴트 작업일지

옆의 지도는 자동차 추격 장면에서 사용될 5가지 경우의 길을 표시하고 있는 지도입니다.

각각의 길을 따라 가며, 빈 칸에 들어갈 수가 무엇인지 계산해 보세요.

그 다음에는 각 길에서 빈 칸에 들어갈 수를 모두 더해 보세요.

36쪽에 도움말이 있습니다.

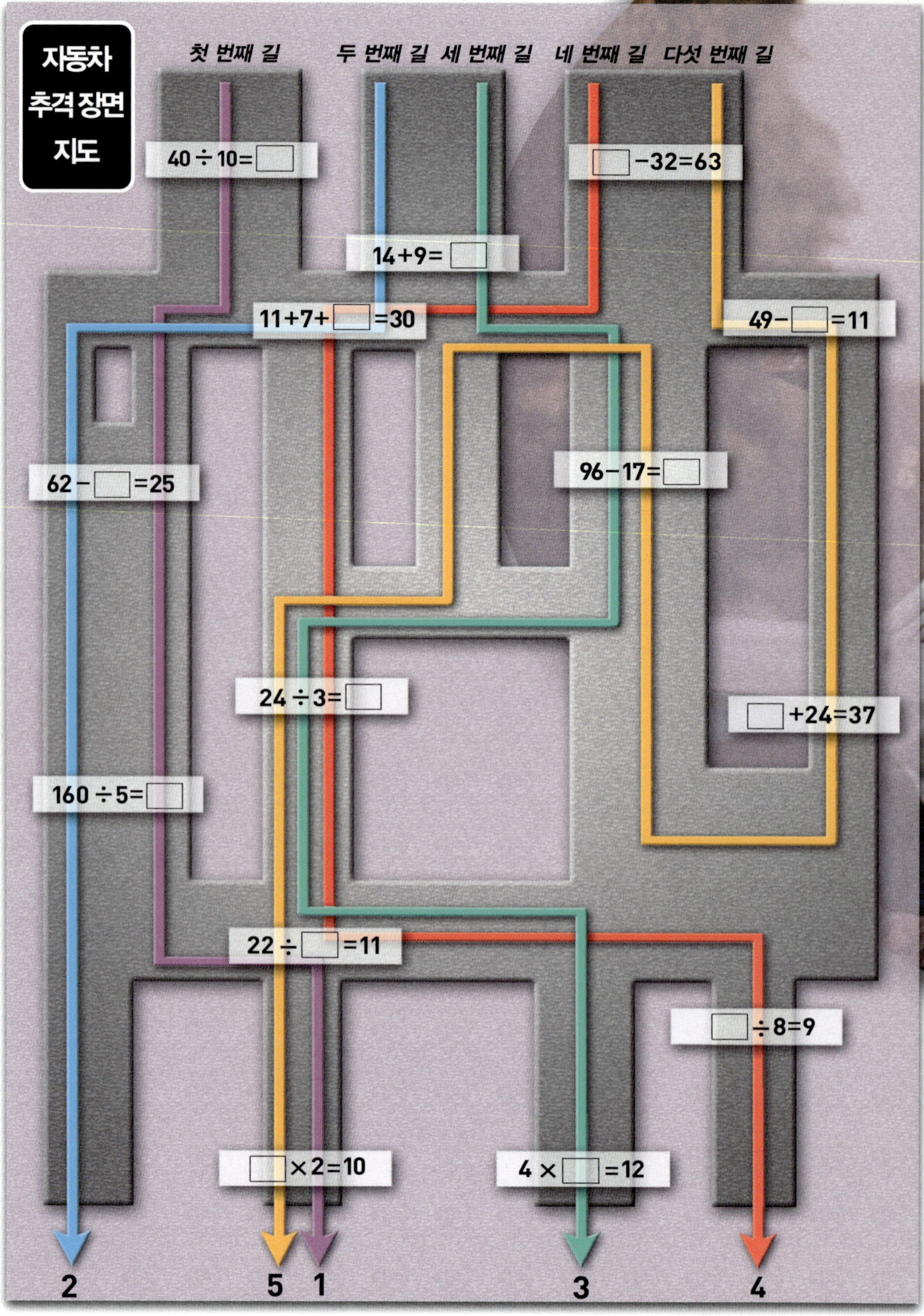

얼굴은 배우가

관객들은 배우 대신 그 자리에 스턴트맨이 앉아 있는 것을 절대 알 수 없어요. 자동차 추격 장면에서 실제로 차를 운전하는 것은 스턴트맨이지만, 확대된 장면에서 차에 앉아 있는 것은 배우입니다. 스턴트 감독은 두 사람이 움직이는 위치를 정확히 똑같게 만듭니다. 그래서 최종 영화 필름만 보고서는, 차를 두 명이 운전했다는 것을 알기 어렵답니다.

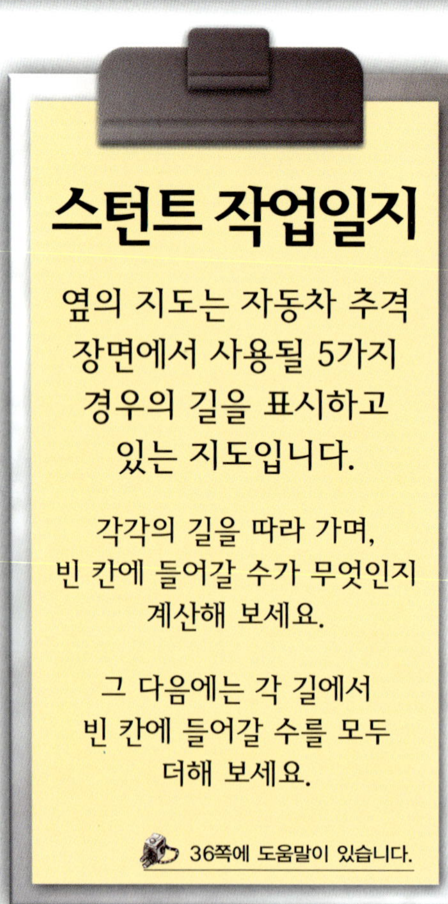

오토바이로 건너뛰기

영화와 TV 쇼에는 오토바이를 타는 스턴트맨도 나옵니다.
스턴트맨들이 기록을 깨고, 멀리 뛰는 모습에 관객들은 '와~' 하는 탄성을 자아냅니다.

이름	내용	뛴 거리
제이슨 레니	2000년 7월 9일 영화 '몬스터'에서 경사로 사이를 뜀	77m 11cm
도우 댄저	L1011 비행기의 한쪽 날개에서 다른 쪽 날개를 건너뜀	48768mm
조니 알팀	달리는 기차를 뛰어 넘음	54.86m
도우 댄저	42대의 자동차를 뛰어 넘음	76500mm
캡틴 러비 크니블	그랜드 캐넌에서 762m 깊이의 골짜기를 건너뜀	6469cm
조니 알팀	경사로에서 뛰어서 움직이는 트럭에 올라탐	41m 15cm

자동차 추격 끝에 화물 트럭과 충돌하는 자동차

빠른 속도로 달리는 트럭으로 자동차 추격 장면을 찍습니다. 트럭에 촬영 기사와 장비를 싣고 달립니다.

도전 문제

스턴트맨은 오토바이를 탄 채로, 비스듬한 길에서도 뛰고 착지합니다. 종이 상자를 잔뜩 쌓아 놓고, 그 위로 떨어질 때도 있습니다.

DATA BOX 를 보고, 다음 물음에 답하세요.

(a) 도우 댄저가 비행기를 건너 뛰었을 때, 약 몇 m를 뛰었는지 쓰세요.(소수 첫째 자리에서 반올림하여 나타내 보세요.)

(b) 가장 멀리 뛴 기록을 낸 사람은 누구입니까?

하늘 위의 재미있는 촬영

때로는 영화나 TV 광고에 필요한 장면인 수천 피트 높이의 하늘에서 연기를 해야 할 때도 있습니다. 그래서 스턴트 감독은 하늘 위에서 재미있는 장면을 계획해요. 즉 스카이다이버*는 비행기, 헬리콥터나 높은 절벽에서 뛰어내리고, 심지어 카메라맨이 헬멧에 카메라를 붙인 채 함께 뛰어 내리기도 합니다. 카메라맨이 촬영을 하는 동안 스카이다이버가 대본에 따라서 연기를 해냅니다. 이 모든 일들은 190km/시에 가까운 속도로 자유낙하*를 하며 이루어집니다.

*스카이다이버 : 비행 중인 항공기에서 낙하산을 착용한 채 뛰어내려 목표 지점에 정확히 착지하는 것을 겨루는 경기를 하는 사람
*자유낙하 : 일정한 높이에서 정지하고 있는 물체가 중력의 작용만으로 떨어질 때의 운동

스턴트 작업 일지

오늘 나는 피자 광고를 찍기 위해 스턴트 팀에 합류하였습니다. 비행기에서 뛰어내려 낙하산을 펼치기 전까지 1분 정도 공중에서 광고 촬영을 합니다.

비행기가 16000 피트* 높이까지 올라갔을 때 낙하를 시작합니다.
5초마다 약 1000피트씩 떨어지게 됩니다.

(1) 1초에는 몇 피트나 떨어지나요?

(2) 10초에는 몇 피트나 떨어지나요?

(3) 땅에서부터 2500피트 높이에 오면, 낙하산을 펼 것입니다. 그때까지 몇 피트나 떨어져야 하나요?

(4) 낙하산을 펼 때까지 떨어지는 시간은 모두 몇 초인가요?

*피트(ft) : 야드 파운드법에 의한 길이의 단위
1피트는 약 30.48cm (0.3048m)이고, 1m는 3.2808피트

낙하산을 펴는 높이

스카이다이빙을 할 때에는 고도*계를 사용하여 뛰어내린 곳에서부터 얼마나 떨어졌는지 확인합니다. 고도계는 꼭 시계판처럼 생겼습니다. 바늘은 고도를 표시하며 움직입니다. 2500피트(762m)에 오면, 스카이다이버는 반드시 낙하산을 펼쳐야 합니다. 이 높이에서 땅에 떨어질 때까지는 12초밖에 걸리지 않습니다.

*고도 : 땅에서부터의 높이

공중에서 촬영하고 있는 영화촬영기사 조 제닝스

자동차 다이빙

비행기에서 차가 스카이다이빙을 할 때는 차에 있는 연료와 그 밖의 모든 액체를 빼내야 해요. 차와 스카이다이버의 무게가 고르게 균형을 잡아야만 자동차가 공중에서 바르게 낙하할 수 있습니다. 만약 균형이 맞지 않는다면, 차가 뒤집혀서 스카이다이버가 차에 매달려 있게 될 수도 있어요.

12500피트 높이에서 운전하고 있는 스카이다이빙 팀

차는 완전히 찌그러졌습니다.

배달 연기를 하고 있는 스카이다이버

도전 문제

스카이다이빙 팀이 차를 타고 비행기에서 뛰어내리기로 하였습니다. 다음은 이것을 위해 필요한 정보입니다.

- 자동차와 스카이다이버의 무게 : 1230kg
- 낙하* 지점에서의 비행기 고도 : 땅에서부터 12500피트 높이
- 땅에 떨어질 때까지의 시간 : 약 70초
- 차에 탄 채로 떨어지는 시간 : 40초
- 스카이다이버가 차에서 나올 때의 고도 : 4500피트
- 차에서 나와 땅으로 떨어질 때까지의 시간 : 약 20초
  스카이다이빙을 하는 동안 고도와 시간을 정확히 읽어야 합니다. 위 자료에 있는 수를 이용하여 자릿값에 대해 얼마나 알고 있는지 알아봅시다.

(a) 4500에서 '4'가 나타내는 수는 얼마인가요?

(b) 40에서 '4'가 나타내는 수는 얼마인가요?

(c) 1230에서 '2'가 나타내는 수는 얼마인가요?

(d) 12500에서 '1'이 나타내는 수는 얼마인가요?

*낙하 : 높은 데서 낮은 데로 떨어짐

36쪽에 도움말이 있습니다.

스턴트 장면 계획

유명한 영화감독이 "카운트다운"이라는 새 액션 영화의 마지막 장면을 나에게 부탁했어요. 악당이 폭발물을 가득 실은 보트를 몰고 사람이 많은 해변을 향해 달리고 있습니다. 영화 주인공인 두 영웅은 부두 끝에서 차와 보트를 충돌시켜 악당들의 행동을 막으려고 합니다. 보트가 고정되어 있을 때 차로 치는 것은 쉽지만, 보트는 매우 빠른 속도로 움직이고 있답니다. 스턴트맨이 차를 타고, 보트를 향해 뛰어들어야 합니다. 스턴트맨을 다치지 않게 하려면 어떻게 해야 할지 고민이군요.

스턴트 작업 일지

"카운트다운"의 마지막 장면을 만들 멋진 방법을 찾아냈습니다!

도르래와 줄로 자동차와 보트를 매고 트럭이 끌어서 둘을 접근시킵니다. 트럭이 앞으로 가면, 자동차와 보트가 같은 속도로 움직입니다. 자동차가 부두 끝에 다다르면, 자동차와 연결된 줄이 느슨해집니다. 자동차는 그대로 날아가서 보트에 부딪힙니다. 차와 보트에는 아무도 탈 필요가 없는 것입니다!(A, B, C는 도르래입니다.)

왼쪽 그림은 자동차와 보트가 어떻게 움직일 것인지 보여 줍니다.

(1) A지점부터 트럭까지 거리는 몇 칸인가요?

(2) 보트와 트럭을 연결하는 데 필요한 줄의 총 길이는 몇 칸인가요?

(3) 다음 좌표*를 적어 보세요.
- 보트   - B 도르래   - 트럭

(4) (2, 8)의 위치에 있는 것은 무엇인가요?

(5) 자동차와 보트가 충돌이 예상되는 곳의 좌표를 적어 보세요.

*좌표 : 수직선이나 평면에서 점의 위치를 나타내는 수나 수의 짝

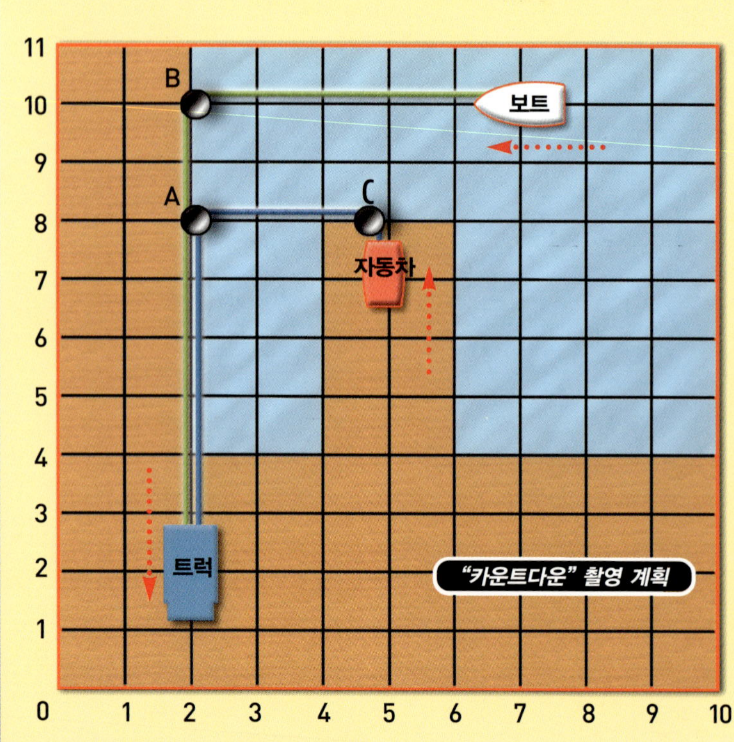

37쪽에 도움말이 있습니다.

도전 문제

위 그림과 방향을 사용하여 다음 물음에 답하세요.

(a) B 도르래의 남동쪽에 있는 것은 무엇입니까?   (b) C 도르래의 북동쪽에 있는 것은 무엇입니까?

자동차가 부두를 향해 달려갑니다.

보트가 부두의 끝을 가로지르기 직전입니다.

두 영웅이 차에서 나옵니다.

4 차가 보트의 옆면에 부딪혀서 큰 폭발을 만듭니다.

*스토리보드 : 드라마나 영화의 주요 장면을 간단하게 그린
그림을 나란히 붙인 널빤지 같은 종류를 통틀어 말합니다.

스턴트맨 고르기

"카운트다운"의 마지막 장면의 아이디어는 매우 훌륭했어요. 나는 스턴트 감독이 되어 영화 속 스턴트 장면 촬영을 준비해야 해요. 곧 촬영이 시작됩니다. 영화 속 두 주인공을 대신할 스턴트맨을 찾는 일은 중요합니다. 이때, 나는 스턴트맨이 가진 기술, 경력, 신체 특징에 대한 정보가 담겨 있는 스턴트맨들의 이력서*를 가지고 캐스팅합니다. 영화, TV 감독, 캐스팅*대행사, 스턴트 감독도 마찬가지로 스턴트맨의 이력서를 통해 특수 기술을 가진 스턴트맨을 채용합니다.

* 이력서 : 지금까지의 학업, 직업 따위의 경력을 적은 서류
* 캐스팅 : 연극이나 영화에서 배역을 정하는 일

스턴트 작업 일지

DATA BOX 에는 5명의 스턴트맨에 대한 이력서가 있습니다.

(1) 갈색 머리에 바위산을 오를 수 있는 사람은 누구인가요?

(2) 키는 185cm보다 크고, 맨몸으로 싸우지는 못하지만, 스카이다이빙을 할 수 있는 사람은 누구인가요?

(3) 키가 185cm를 넘으면 안되는 배역에 캐스팅 될 수 없는 사람은 누구인가요?

(4) 키 180cm에 몸무게 102kg인 배우를 대신하여 불 속에 뛰어드는 장면을 연기할 사람으로 누구를 고를까요?

DATA BOX 아래의 표에는 각 프로그램에 필요한 기술이 적혀 있습니다.

(5) 다음에 알맞은 스턴트맨을 찾아보세요.
● TV광고 ● 병원 드라마 ● "카운트다운" 영화

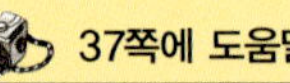
37쪽에 도움말이 있습니다.

배우와 닮은 스턴트맨

대신할 배우처럼 보이기 위해서 스턴트맨은 머리를 염색하거나, 가발을 쓰기도 해요. 옷에 솜을 넣어 비슷한 체격을 만들기도 한답니다.

스턴트맨 이력서

이름	알렉	폴	데이비드	크리스	에드
키(cm)	178	195	178	187	180
몸무게(kg)	79	98	105	102	90
신발 사이즈(호)	9	11	9	10	9
머리색	금발	갈색	갈색	검정색	갈색
눈동자 색	갈색	갈색	갈색	파란색	갈색
기술	불 속에 뛰어들기 자동차 탈출하기 맨몸으로 싸우기 바위산 오르기 스케이트보드 타기	자동차 탈출하기 자동차 충돌 계단에서 구르기 스카이다이빙 바위산 오르기	불 속에 뛰어들기 칼싸움 자동차 충돌 맨몸으로 싸우기 자동차 탈출하기	안장 없이 말타기 말에서 떨어지기 스카이다이빙 카우보이 싸움 맨몸으로 싸우기	번지 점프하기 스케이트보드 타기 스카이다이빙 자동차 탈출하기 공중그네

프로그램	"카운트다운" 영화	병원 드라마	TV 광고
필요한 스턴트 기술	불 속으로 뛰어들기 자동차 탈출하기 맨몸으로 싸우기	자동차 충돌 계단에서 구르기 바위산 오르기	스카이다이빙 공중그네 스케이트보드 타기

싸우는 방법을
훈련 중인 스턴트맨

얼굴의 특징도 중요합니다.
배우의 대역을 하는 스턴트맨은
배우와 비슷하게 보여야
하기 때문입니다.

도전 문제

"카운트다운" 영화의 주인공은 키가 178cm에 몸무게가 79kg이며, 갈색 머리와 갈색 눈동자를 가졌습니다.
 의 스턴트맨 중에서 이 주인공의 대역을 하기에 가장 적절한 사람은 누구인가요?

영화 촬영에 드는 비용

오늘은 자동차에서 탈출하는 장면을 찍는 날이에요. 자동차는 운전석 앞에 대역을 하는 스턴트맨이 들어갈 수 있는 공간이 있도록 특수제작 되었습니다. 이 자동차를 스턴트맨이 부두까지 운전해야 합니다. 그리고나서 정확한 순간에 스턴트맨이 자동차에서 나와 차가 달리는 길에 미리 깔아놓은 안전매트로 뛰어내립니다. 영화가 편집될 때, 이 장면은 주연배우의 얼굴이 크게 잡힌 장면과 자동차와 보트가 충돌하는 장면과 섞여서 편집될 거예요. 멋지게 편집하고 나면, 주연 배우가 진짜로 부두의 끝에서 충돌하는 차에서 뛰어내리는 것처럼 보인답니다.

스턴트 작업 일지

스턴트 감독은 정해진 예산 범위 안에서 스턴트 장면을 촬영해야 합니다. 영화를 시작한지 오랜 시간이 흘렀지만, 여전히 처리해야 할 문서가 남아 있습니다.

DATA BOX 를 보고, 다음 비용을 계산해 봅시다.

(1) 남, 여 주연 배우를 대신하여 스턴트맨 2명이 이틀 동안 일했다면, 스턴트맨에게 주어야 할 돈은 모두 얼마인가요?

(2) 자동차와 보트의 부서진 조각을 치우기 위해 2명의 잠수부가 4일 동안 일했다면, 보수는 얼마인가요?

(3) 촬영용 고속 모터보트는 연습용 보트보다 얼마나 더 비싼가요?

(4) 스턴트맨과 운전사가 똑같이 이틀 동안 일했다면, 스턴트맨은 운전사보다 돈을 얼마나 더 받을까요?

(5) 이 장면을 촬영하는 데 이틀이 걸렸다면, 전체 비용은 얼마인가요?
(하루에 얼마인 것은 이용한 날수를 곱해야 한다는 것을 잊지 마세요.)

37쪽에 도움말이 있습니다.

숨어서 운전하기

스턴트에 사용되는 차는 개조된 것으로, 조수석이나 운전석 뒤에서도 조종하는 것이 가능해요. 운전석을 빼내고, 그보다 작은 자리로 바꿔놓기도 합니다. 그리고 스턴트맨이 자동차 실내 장식처럼 보이는 천으로 숨겨져 있는 작은 자리에 앉습니다. 이렇게 하면 진짜 운전자는 숨어서 보이지 않습니다.

안전한 탈출

자동차 문과 문 주변에 스턴트맨이 차를 빠져나올 때 옷이 걸릴 만한 것은 없는지 확인합니다. 스턴트맨은 옷 안에 보호 장비를 입어요. 때로는 얇은 헬멧을 쓰고, 가발을 덮기도 한답니다.

DATA BOX 영화 촬영 비용

트럭 운전사	하루에 500파운드*
남자 주인공을 대역할 스턴트맨	하루에 750파운드
여자 주인공을 대역할 스턴트맨	하루에 750파운드
잠수부 2명 (자동차와 보트 부서진 조각을 치움)	하루에 400파운드(1인당)
안전 요원 5명	하루에 100파운드(1인당)
자동차와 보트를 끄는 트럭 (빌리는 데 드는 비용)	하루에 250파운드
촬영용 고속 모터보트	10000파운드
촬영용 페라리 조립 자동차	15000파운드
연습용 보트	2000파운드
연습용 자동차	2000파운드

*파운드 : 영국의 화폐 단위(1파운드는 약 2000원)

도전 문제

자세한 계획을 세우기 전에 스턴트 감독은 앞으로 일어날 일을 추측*할 수 있어야 합니다.

실제 일어나는 일과 가장 가까운 단위를 어림하여 골라 보세요.

(a) 스턴트 자동차가 달리는 속도 :
(80km/시, 800km/시, 8km/시)

(b) 운전자가 브레이크 페달을 밟았을 때, 자동차는 얼마 후에 멈출까요?
(4분, $\frac{1}{4}$초, 40초)

(c) 스턴트맨의 팔 길이는 얼마일까요?
(15cm, 50cm, 85cm, 15m)

*추측 : 미루어 짐작하거나 헤아리는 것

영화에서는 주연 배우가 수백 만 파운드의 진짜 페라리를 운전하고 있습니다. 하지만 스턴트 장면에서는 값이 싼 조립 자동차가 사용됩니다.

촬영 준비

충돌 장면 촬영 날 아침이에요. 보트는 항구에 정박*해 있고, 자동차도 부두에 준비되어 있군요. 보트와 자동차는 큰 트럭에 매단 긴 줄에 끌려 점점 가까워집니다. 촬영 준비가 끝나면, 카메라맨이 마지막 준비를 합니다. 부두를 따라 달리는 선로에 삼각대를 놓고 카메라를 설치합니다. 충돌하는 극적인 장면은 큰 크레인에 달린 카메라가 촬영할 것입니다. 또다른 카메라맨은 헬리콥터를 타고 폭발 장면을 촬영할 준비를 하고 있어요. 이처럼 영화 "카운트다운"의 마지막 장면은 여러 곳에서 촬영된답니다.

* 정박 : 배가 항구에 닻을 내리고 머무르고 있는 것

스턴트 작업 일지

카메라 설치 전문 기사가 왔습니다.
카메라를 움직이는 방법 중 하나는 '돌리*'라고 부르는
장치를 사용하는 것입니다. 카메라를 돌리에 설치하고,
선로를 따라 돌리를 움직입니다. 기차처럼 말입니다.

(1) 부두 위에 설치한 선로의 일부분입니다. 카메라가 움직여 촬영할 곳을 표시해 두었습니다. 각 카메라의 촬영 위치는 몇 m 지점인지 어림해 보세요.

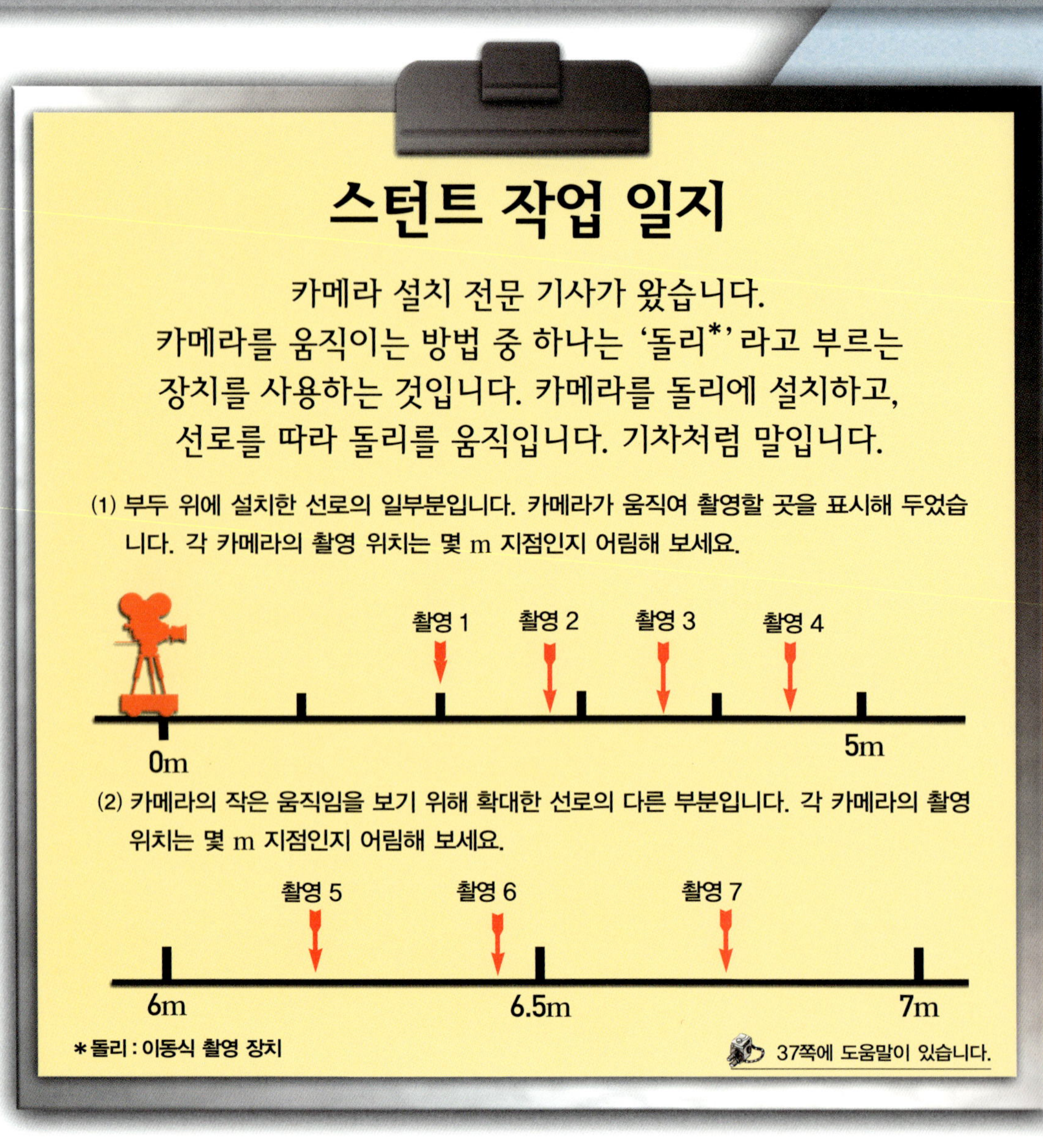

(2) 카메라의 작은 움직임을 보기 위해 확대한 선로의 다른 부분입니다. 각 카메라의 촬영 위치는 몇 m 지점인지 어림해 보세요.

* 돌리 : 이동식 촬영 장치

37쪽에 도움말이 있습니다.

운전 장면 촬영하기

움직이는 차 안의 배우를 찍을 때에는 자동차 앞(본네트 위)에 카메라를 설치해요. 때로는 접시 모양의 받침대를 차 옆에 붙이고 카메라를 올려놓기도 합니다. 이렇게 차창 밖에서 차 안에 있는 배우들이 연기하는 모습을 촬영한답니다.

달리는 것처럼 보이는 자동차

움직이는 자동차를 찍을 때, 자동차를 낮은 트레일러*에 싣거나 트레일러로 끌면서 촬영하기도 합니다. 그렇게 되면 자동차가 길 위를 자연스럽게 달리는 것처럼 보이면서, 배우가 실제로 운전하지 않아도 되기 때문이죠.

* 트레일러 : 견인차에 연결하며 짐이나 사람을 실어 나르는 차량

런던 택시가 낮은 트레일러에 실려가고 있습니다. 카메라 감독은 트레일러 안에서 촬영을 합니다.

도전 문제

영화 촬영장에서는 다른 사람이 일하는 동안 기다리는 시간이 길어지기도 합니다.

카메라를 설치하는 동안 쉬면서 아래 퍼즐에서 빠진 숫자를 채워 볼까요?

(예를 들어, "가로 1"의 답은 480이므로 문제 풀이의 단서는 6×8입니다.)

¹4	8	■	■	²8
9	■	³5	■	1
■	■	⁴6	⁵3	■
⁶7	2	■	⁷6	4

가로
1. 6 x ☐
4. 7 x ☐
6. 8 x ☐
7. 8 x ☐

세로
1. 7 x ☐
2. 9 x ☐
3. 7 x ☐
5. 9 x ☐

영화 촬영

충돌 장면을 촬영할 모든 준비가 끝났어요. 감독이 "액션!"이라고 소리치면, 트럭이 보트와 자동차를 끌기 시작하여 자동차는 점점 더 빨라집니다. 이때 자동차가 부두 끝에 다다르면, 줄이 느슨해진 자동차는 하늘로 높이 떠올라 보트를 향해 날아갑니다. 자동차와 보트가 충돌하는 순간, 특수효과 팀의 폭파 전문가가 리모컨을 이용해 폭발을 만들어 내면 화염, 연기, 자동차와 보트의 파편들이 하늘로 날아오릅니다. 이어서 감독이 "컷!"이라고 외치자 박수와 함께 환호성이 터지는군요. 촬영이 완벽하게 끝났습니다!

스턴트 작업 일지

우리가 할 일이 모두 끝났습니다.
잠수부가 보트와 자동차 파편을 치울 차례입니다.

폭발 이후에 아래와 같은 파편들이 건져졌습니다.
이 입체도형들을 주의깊게 살펴보고, 다음 물음에 답하세요.

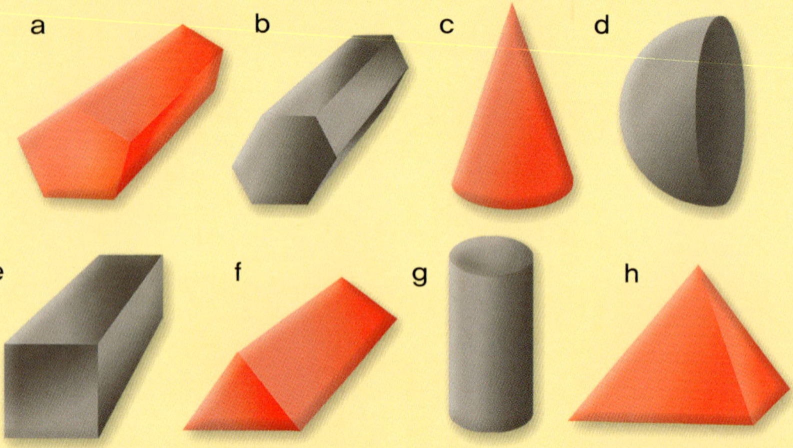

(1) c는 뿔 모양입니다. c 외에 뿔 모양을 하고 있는 것을 찾아보세요.
(2) 적어도 한 면이 원 모양인 것은 어느 것인가요?
(3) 각기둥 모양은 어느 것인가요?
(4) 각각의 각기둥 모양에서 모서리의 개수를 구하세요.
(5) 각기둥 모양의 모서리를 구하는 방법을 말해 보세요.

39쪽 '입체도형'과 '각기둥'을 참고하세요.

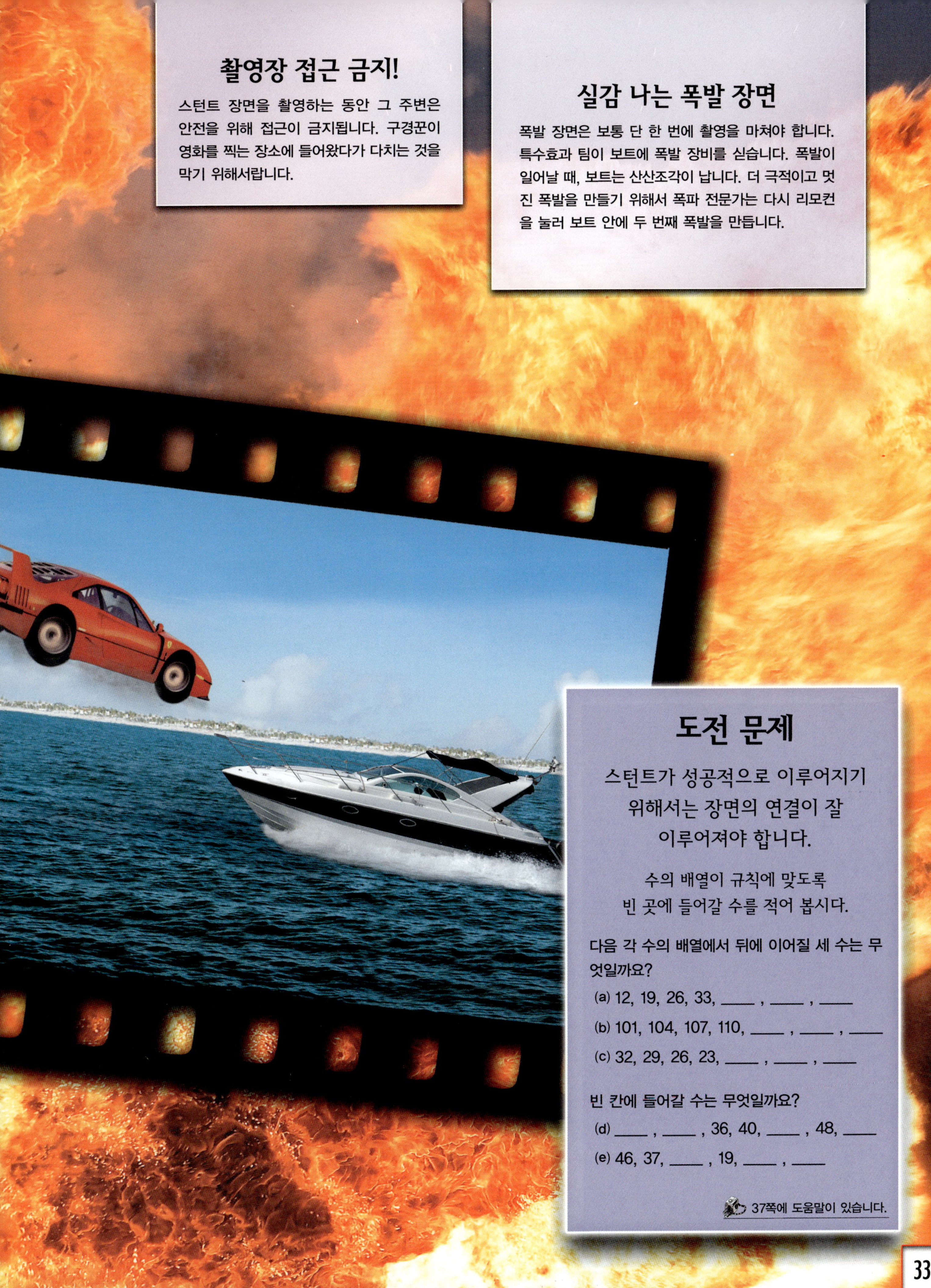

촬영장 접근 금지!

스턴트 장면을 촬영하는 동안 그 주변은 안전을 위해 접근이 금지됩니다. 구경꾼이 영화를 찍는 장소에 들어왔다가 다치는 것을 막기 위해서랍니다.

실감 나는 폭발 장면

폭발 장면은 보통 단 한 번에 촬영을 마쳐야 합니다. 특수효과 팀이 보트에 폭발 장비를 싣습니다. 폭발이 일어날 때, 보트는 산산조각이 납니다. 더 극적이고 멋진 폭발을 만들기 위해서 폭파 전문가는 다시 리모컨을 눌러 보트 안에 두 번째 폭발을 만듭니다.

도전 문제

스턴트가 성공적으로 이루어지기 위해서는 장면의 연결이 잘 이루어져야 합니다.

수의 배열이 규칙에 맞도록 빈 곳에 들어갈 수를 적어 봅시다.

다음 각 수의 배열에서 뒤에 이어질 세 수는 무엇일까요?

(a) 12, 19, 26, 33, ____ , ____ , ____

(b) 101, 104, 107, 110, ____ , ____ , ____

(c) 32, 29, 26, 23, ____ , ____ , ____

빈 칸에 들어갈 수는 무엇일까요?

(d) ____ , ____ , 36, 40, ____ , 48, ____

(e) 46, 37, ____ , 19, ____ , ____

37쪽에 도움말이 있습니다.

마무리 도전 문제

[문제1~ 문제2] 중국에 있는 쑹장무술학교를 들어 봤나요? 학생 수는 4000여 명. 학과 공부를 가르치는 선생님과 무술을 가르치는 선생님을 모두 더하면 약 360명이고, 이 중 무술 선생님만 87명이에요. 정말 어마어마하죠? 쑹장무술학교에 대해 좀더 알아볼까요?

문제 1 쑹장무술학교의 하루 일과표에요. 이 학교 학생들은 무술훈련을 하거나, 잠을 자거나, 또 공부를 하는 데 얼마나 많은 시간을 쓸까요? 물음에 답해 보세요.

(1) 무술 훈련을 한 시간은 얼마인가요?

(2) 잠을 자는 시간은 얼마인가요?

(3) 학과 수업 시간과 복습하는 시간을 모두 더하면 얼마인가요?

문제 2 이 학교를 졸업해서 교관, 경호원, 스턴트맨이 되는 학생도 있습니다. 얼마나 많은 학생들이 졸업하는지 알아볼까요?

(1) 1년에 약 350명의 학생이 졸업한다고 했을 때, 9년 동안에는 몇 명의 학생이 졸업하게 되나요?

(2) 첫 해 졸업생은 300명이었습니다. 매년 졸업생이 20명씩 증가한다면, 13회의 졸업생은 모두 몇 명인지 구하고 자신이 생각한 방법을 설명해 보세요.

내가 구한 방법 : ______________________________

____

답 : ______________________________

유명 스턴트맨 로비 크니블이 오토바이를 타고 24대의 대형 트럭을 뛰어넘는 진기록을 세웠습니다. 신시내티 인근 킹스 아일랜드 공원의 3층 높이의 출발지점에서 약 61m 상공을 날며 대형 트럭 24대를 힘차게 건너뛰었지요. 로비 크니블의 스턴트 현장에는 수많은 시민들이 모여들어 오싹한 현장을 지켜 본 후, 힘찬 갈채를 보냈답니다.

문제 3

(1) 트럭 한 대의 폭은 2400mm라고 합니다. 트럭 24대의 폭은 몇 m인가요? (주차한 트럭 사이의 간격은 무시하세요.)

(2) 오토바이가 나는 동안의 속력이 시속 120km라면, 1분에 가는 거리는 몇 m인가요? 또, 1초에 가는 거리는 약 몇 m인지 반올림하여 일의 자리까지 나타내어 보세요. (시속 120km는 1시간에 120km를 간다는 뜻입니다.)

(3) 로비 크니블이 대형 트럭 24대를 뛰어넘는 데 걸린 시간은 약 몇 초인지 반올림하여 일의 자리까지 나타내세요. ((1)과 (2)의 결과를 이용하여 풀어 보세요.)

무술 감독은 대본의 빈 공간에 숫자 퍼즐을 끄적이고 있었습니다. 그러다가 문득, 숫자 퍼즐을 이용한 심리 스릴러물을 만들면 어떨까 하는 생각이 떠올랐습니다. 이 영화가 성공하려면, 그럴듯한 퍼즐을 만들 수 있어야겠지요? 한번 도전해 볼까요?

문제 4

곱셈구구를 이용하여 숫자 가로세로 퍼즐을 만들었습니다. 〈　〉와 [　]안에 들어갈 수 있는 숫자는 1~9까지입니다.

①	㉠

가로　　세로
① 7×〈　〉　㉠ 2×[　]

(1) 〈　〉안에 들어갈 수 있는 숫자를 모두 쓰세요.

(2) [　] 안에 들어갈 수 있는 숫자를 모두 쓰세요.

성공을 위한 팁

STAGE ① 12–13쪽

[스턴트 작업 일지]

시간의 단위 : 60분은 1시간입니다.

STAGE ② 14–15쪽

[도전 문제]

넓이 구하기 : 직사각형의 넓이를 구하려면, 길이(가로)와 폭(세로)을 곱합니다. ➡ (넓이) = (가로)×(세로)

예를 들어, 오른쪽 에어백의 색칠한 부분의 넓이는 10×5=50(㎡)입니다.

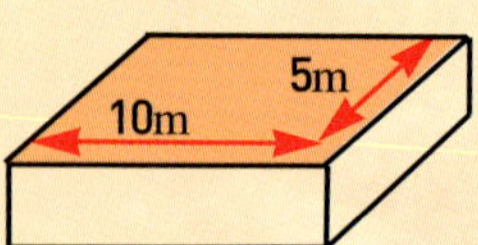

곱셈을 하는 방법

❶ 표 이용하기

12×8

×	10	2
8	80	16

= 96

❷ 세로셈 하기

```
      14
   ×  12
      28 … (14×2)
     140 … (14×10)
     168
```

❸ 부피 구하기

1세제곱미터(㎥)는 다음과 같습니다.

1m×1m×1m=1㎥

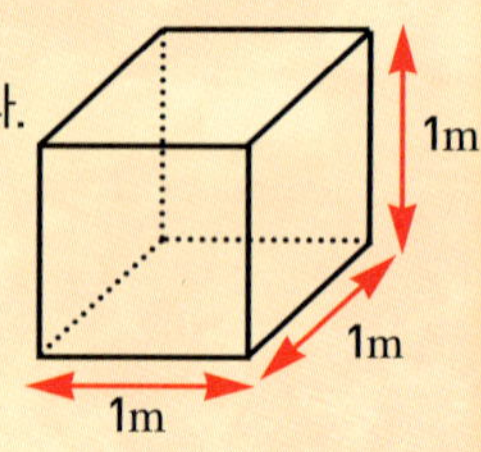

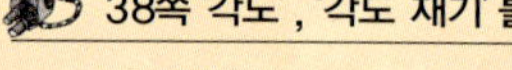 39쪽 '넓이' 를 참고하세요.

STAGE ③ 16–17쪽

[스턴트 작업 일지]

시간의 단위 : 60초는 1분입니다.

STAGE ④ 18–19쪽

[스턴트 작업 일지]

돌리기와 각도 재기 : 돌리기에서 각도는 돌아간 정도를 말합니다. 각도의 단위는 '도' 또는 '°' 라고 씁니다.

오른쪽만큼 돌아간 정도를 90° 또는 직각이라고 합니다.

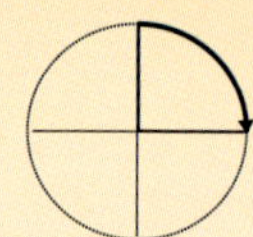

한 바퀴를 완전히 돌리면 360°입니다. 즉, 직각이 네 개 모이면 한 바퀴가 됩니다.

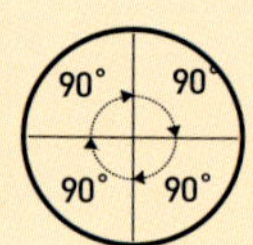

직사각형과 정사각형의 한 각의 크기는 항상 90°입니다.

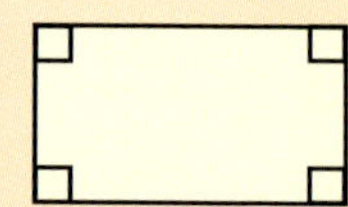

km/시 : 1시간 동안 몇 km를 움직인 것인지를 나타냅니다.

38쪽 '각도' , '각도 재기' 를 참고하세요.

STAGE ⑤ 20–21쪽

[스턴트 작업 일지]

경사로 : 빈 칸에 들어갈 수를 찾을 때에는, 세 수 사이의 관계를 이용하여 식을 다른 방법으로 써 보면 쉽습니다. 예를 들면,

$$8×2=16 \begin{cases} 16÷8=2 \\ 16÷2=8 \end{cases}$$
(2×8=16)

이 식에서 어떤 수를 지우더라도, 빈 칸에 들어갈 수는 (식이 곱셈인지 나눗셈인지, 어떤 위치가 비어 있는지에 따라) 2, 8, 16 중의 한 수가 됩니다.

38쪽 '반올림' , '소수점의 이동' 을 참고하세요.

STAGE ⑥ 22–23쪽

[도전 문제]

자릿값 : 숫자가 놓인 위치에 따라서 나타내는 값을 말합니다. 예를 들면, 23에서 '2'는 10이 2개 있는 것을 말하므로 20을 나타내고, '3'은 1이 3개 있는 것을 말하므로 3을 나타냅니다. 따라서 수를 읽을 때에는 정확한 자릿값에 맞게 읽어야 합니다.

STAGE 7 24–25쪽

[스턴트 작업 일지]

좌표 사용하기 : 모눈 위에 있는 한 점의 좌표를 구할 때는 가로축(바닥의 눈금)의 수를 먼저 쓰고, 다음에 세로축(옆의 눈금)의 수를 적습니다.

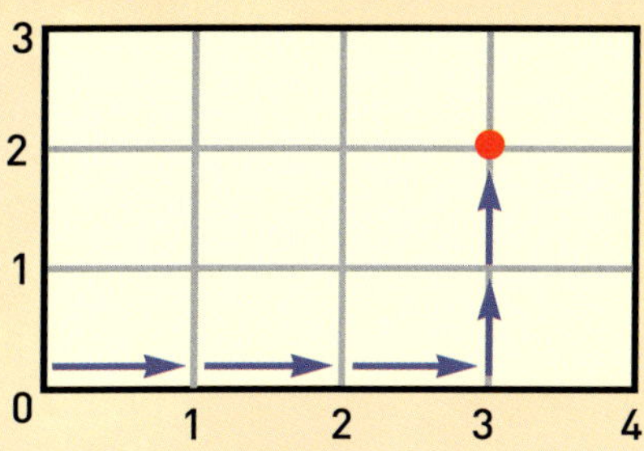

예를 들면, (3, 2)의 좌표는 가로축을 따라 3칸을 가고, 세로축을 따라 2칸 간 점을 말합니다.

STAGE 8 26–27쪽

[스턴트 작업 일지]

자료 다루기 : 여러 정보가 담긴 자료를 비교할 때에는 아래와 같이 표를 만드는 것이 좋습니다.

스턴트맨	기술		
	자동차에서 탈출하기	불 속을 뛰어들기	스카이다이빙
알렉	✔	✔	
폴	✔		✔
데이비드	✔	✔	
크리스			✔
에드	✔		✔

STAGE 9 28–29쪽

[스턴트 작업 일지]

두 수의 합을 구할 때에는 세로로 줄을 맞춰 적는 것이 편리합니다. 예를 들어, 백의 자리 아래에는 백의 자리를, 십의 자리 아래에는 십의 자리를 잘 맞추어 적습니다.

STAGE 10 30–31쪽

[스턴트 작업 일지]

수직선에서 어림하기 : 카메라 선로는 수직선입니다. 수직선은 양쪽으로 끝없이 길게 이어서 그릴 수도 있고, 알고 싶은 숫자에 맞게 선의 길이를 조정할 수도 있습니다.

아래 수직선은 0.1과 0.2 사이에 있는 몇 개의 위치를 표시한 것입니다.

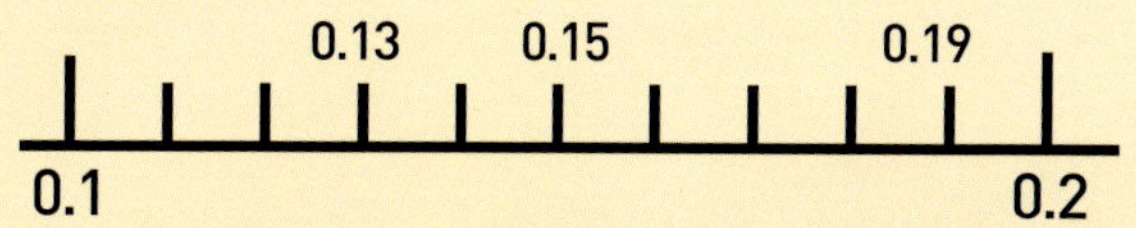

38쪽 '소수점의 이동'을 참고하세요.

STAGE 11 32–33쪽

[도전 문제]

수의 배열 : 수의 배열을 보고, 수 사이의 규칙을 찾으세요. 예를 들어, 2, 6, 10, 14, …의 배열에서는 앞 수와 뒤 수의 차가 4라는 규칙이 있습니다. 따라서 14 다음에 올 수는 18임을 알 수 있습니다.

단위

이 책에서는 두 가지 측정법을 사용합니다. 하나는 미터법(센티미터, 미터, 킬로미터, 그램, 킬로그램)이고, 다른 하나는 영국식 단위법(인치, 피트, 마일, 온스, 파운드)입니다.

미터법
길이
1밀리미터(mm)
1센티미터(cm) = 10mm
1미터(m) = 100cm
1킬로미터(km) = 1000m

무게
1그램(g)
1킬로그램(kg) = 1000g

들이
1밀리리터(mL)
1리터(L) = 1000mL

영국식 단위법
길이
1인치(in) : 엄지손가락 너비
약 2.54 cm
1피트(ft) : 한 발의 길이
약 30.48 cm
1피트(ft) = 12 in
1야드(yd) = 3 ft
1마일(mile) = 1760 yd

무게
1 온스(oz) = 약 28.35g
1 파운드(Lb) = 16 oz

들이
1액체 온스(fL oz) = 약 28.4mL
1핀트(pt) = 20 fL oz

미터법과 영국식 단위법을 비교하면
1km = 0.62 mile, 1kg = 2.2 lb
0.57 L = 1 pt

반올림

수를 어림하는 방법 중 하나로 구하려는 자리의 한 자리 아래 숫자가 0, 1, 2, 3, 4이면 버리고, 5, 6, 7, 8, 9이면 올리는 방법.

(예) 반올림하여 십의 자리까지 나타내기

① 276 ➡ 약 280 (6이므로 올립니다.)   ② 124 ➡ 약 120 (4이므로 버립니다.)

각도

두 변이 벌어진 정도를 각의 크기 또는 각도라고 합니다. 각도를 나타내는 단위는 1직각과 1도가 있습니다. 이때, 1직각을 똑같이 90으로 나눈 하나를 1도라고 하고 1°라고 씁니다.

1직각 = 90°

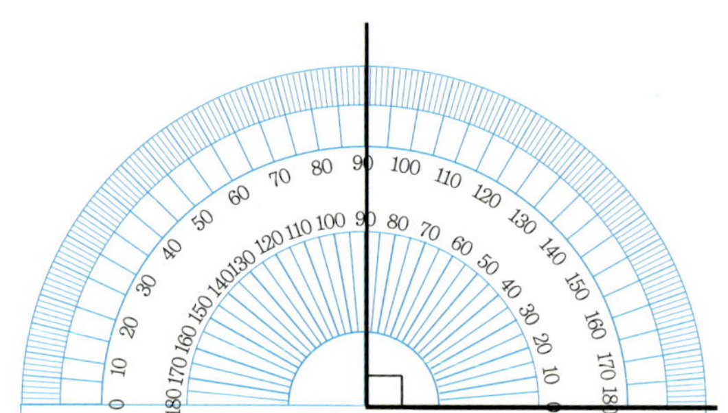

각도 재기

① 각의 꼭짓점 ㄴ에 각도기의 중심을 맞춥니다.

② 각도기의 밑금을 변 ㄴㄷ에 맞춥니다.

③ 각도기에서 변 ㄱㄴ이 닿은 눈금을 읽습니다.

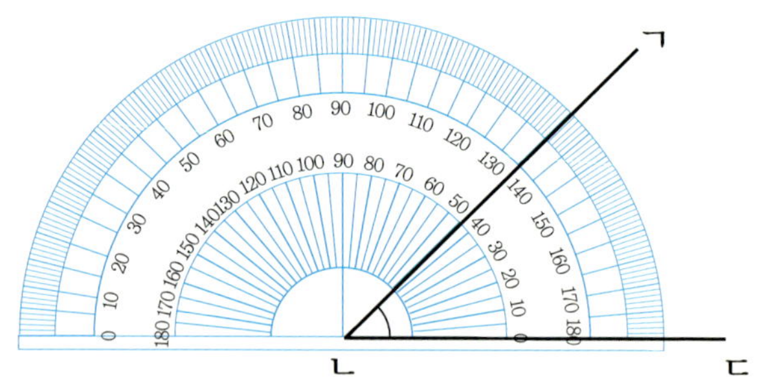

소수점의 이동

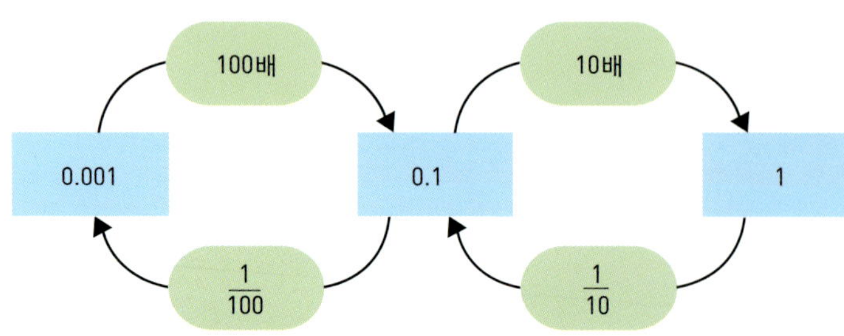

소수를 10배, 100배 하면 소수점이 오른쪽으로 한 칸, 두 칸 이동하고, 소수의 $\frac{1}{10}$, $\frac{1}{100}$은 소수점을 왼쪽으로 한 칸, 두 칸 이동합니다.

넓이

넓은 정도를 나타내는 크기. 넓이는 모눈종이와 같이 같은 크기의 정사각형을 이용해서 구할 수도 있습니다. 이때, 넓이의 단위는 측정한 길이의 단위에 맞게 단위를 씁니다.

- (직사각형의 넓이) = (가로)×(세로)
  (정사각형의 넓이) = (한 변의 길이)×(한 변의 길이)
  $1cm^2$ (일 제곱센티미터) : 한 변의 길이가 1cm인 정사각형의 넓이
  $1m^2$ (일 제곱미터) : 한 변의 길이가 1m인 정사각형의 넓이

선대칭

어떤 선을 중심으로 접었을 때 완전히 겹쳐지는 모양을 선대칭이라고 합니다.
이때, 기준이 되는 선을 대칭축이라고 합니다.

- 선대칭도형을 알아보면 정삼각형, 이등변삼각형, 직사각형, 정사각형, 마름모, 정오각형, 정육각형 … 등이 있습니다.

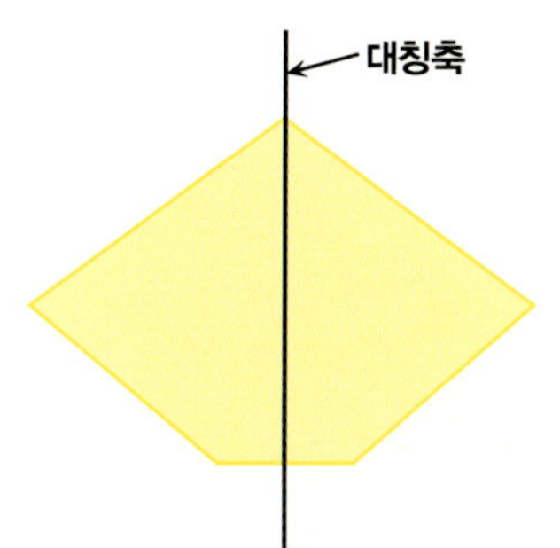

입체도형

평면이나 곡면으로 둘러싸인 도형으로 평면도형은 평면만 차지하고 입체도형은 공간을 차지합니다. 아래는 입체도형의 대표적인 예입니다.

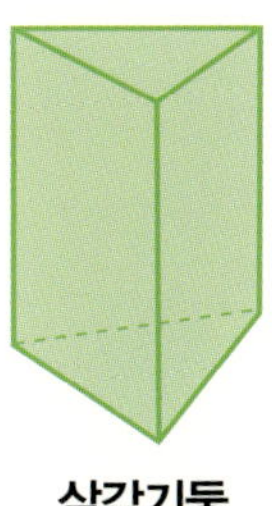
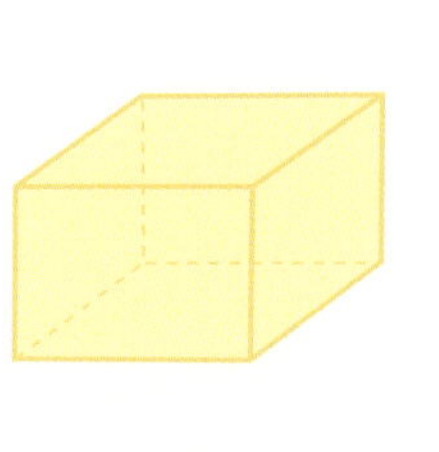
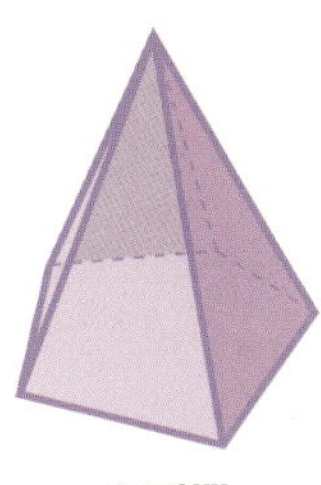

| 삼각기둥 | 사각기둥(직육면체) | 오각뿔 | 원기둥 | 구 |

각기둥

윗면과 아랫면이 같은 모양의 다각형이고, 옆면은 여러 개의 직사각형으로 이루어진 입체도형

- 각기둥의 면, 모서리, 꼭짓점의 수
  ① (면의 수) = (한 밑면의 변의 수) + 2
  ② (모서리의 수) = (한 밑면의 변의 수)×3
  ③ (꼭짓점의 수) = (한 밑면의 변의 수)×2

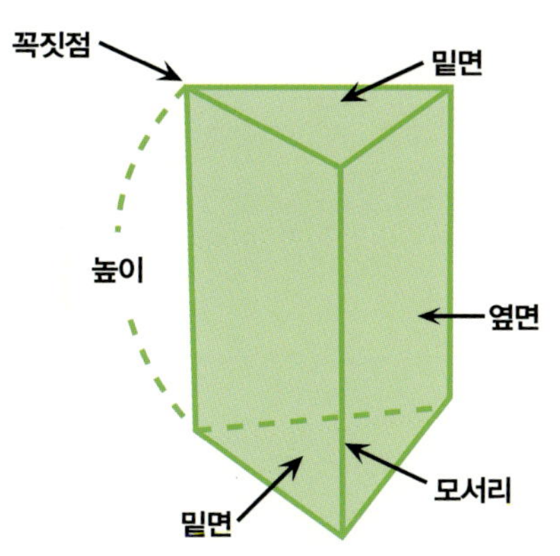

도전!
익스트림 스포츠

이런 내용들을 공부해요

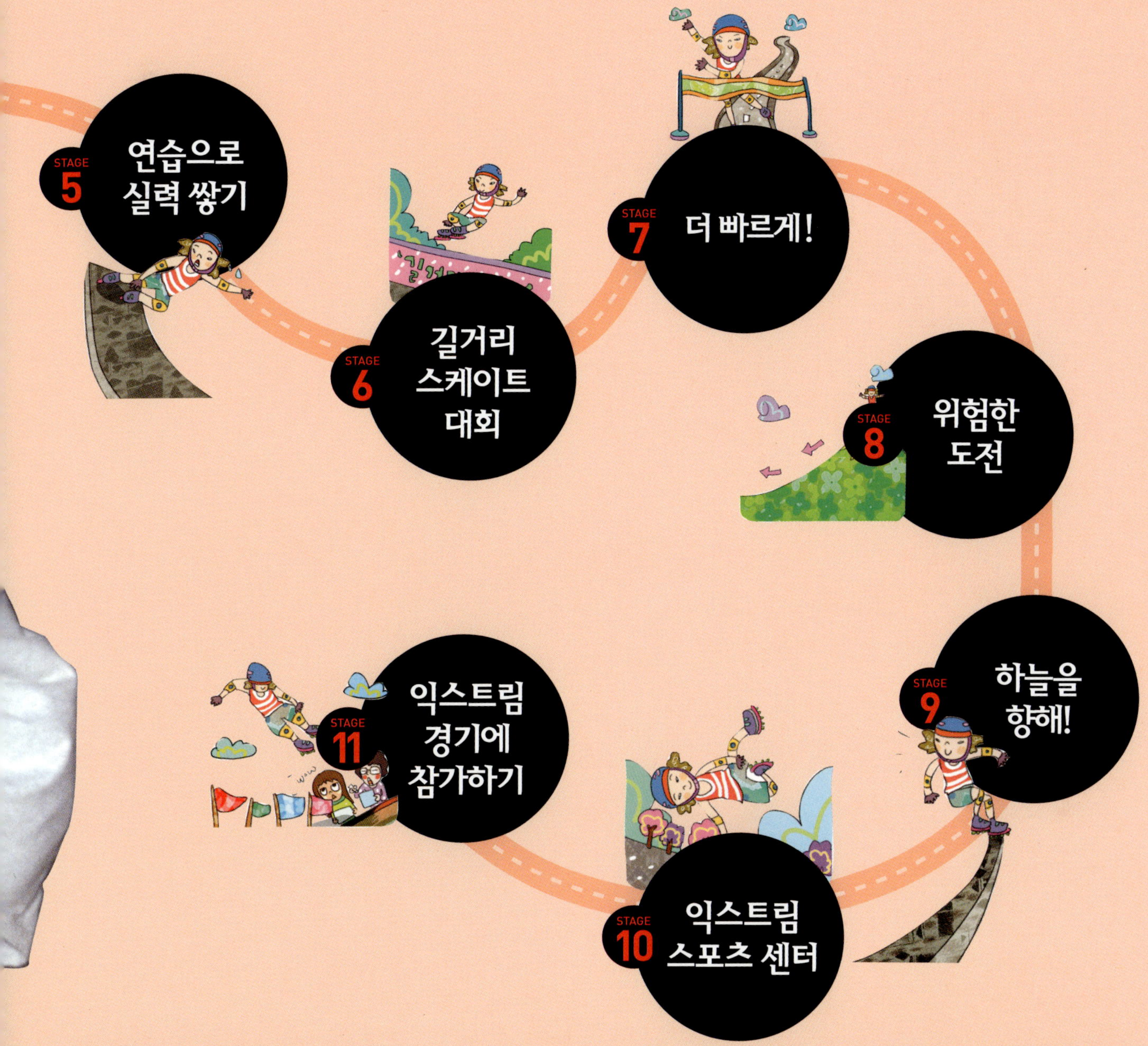
STAGE 5
연습으로 실력 쌓기
STAGE 6
길거리 스케이트 대회
STAGE 7
더 빠르게!
STAGE 8
위험한 도전
STAGE 9
하늘을 향해!
STAGE 10
익스트림 스포츠 센터
STAGE 11
익스트림 경기에 참가하기

- 표, 그래프, 다이어그램 : 48, 50쪽

측정

- 넓이 : 61쪽
- 둘레의 길이 : 61쪽
- 측정 단위 변환 : 49, 64쪽
- 눈금 (어림하여 읽기) : 65쪽
- 시간 (아날로그 시계 읽기) : 57쪽
- 단위 사용하기 : 45, 49, 51, 55, 57, 58쪽

- 시간 표현 : 53, 57쪽

도형과 공간

- 평면도형 : 60쪽
- 각도 : 46, 47쪽
- 선대칭 : 59쪽

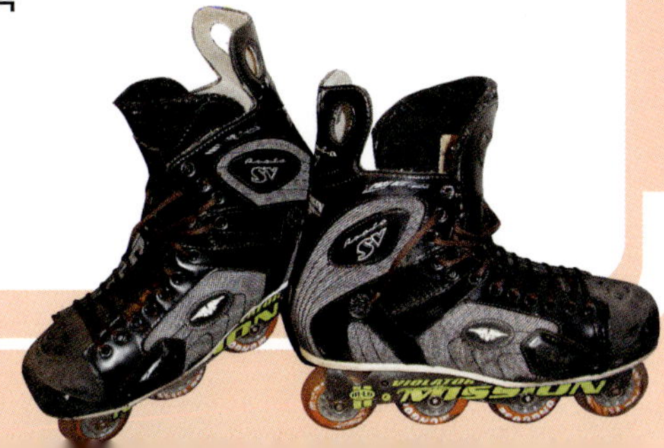

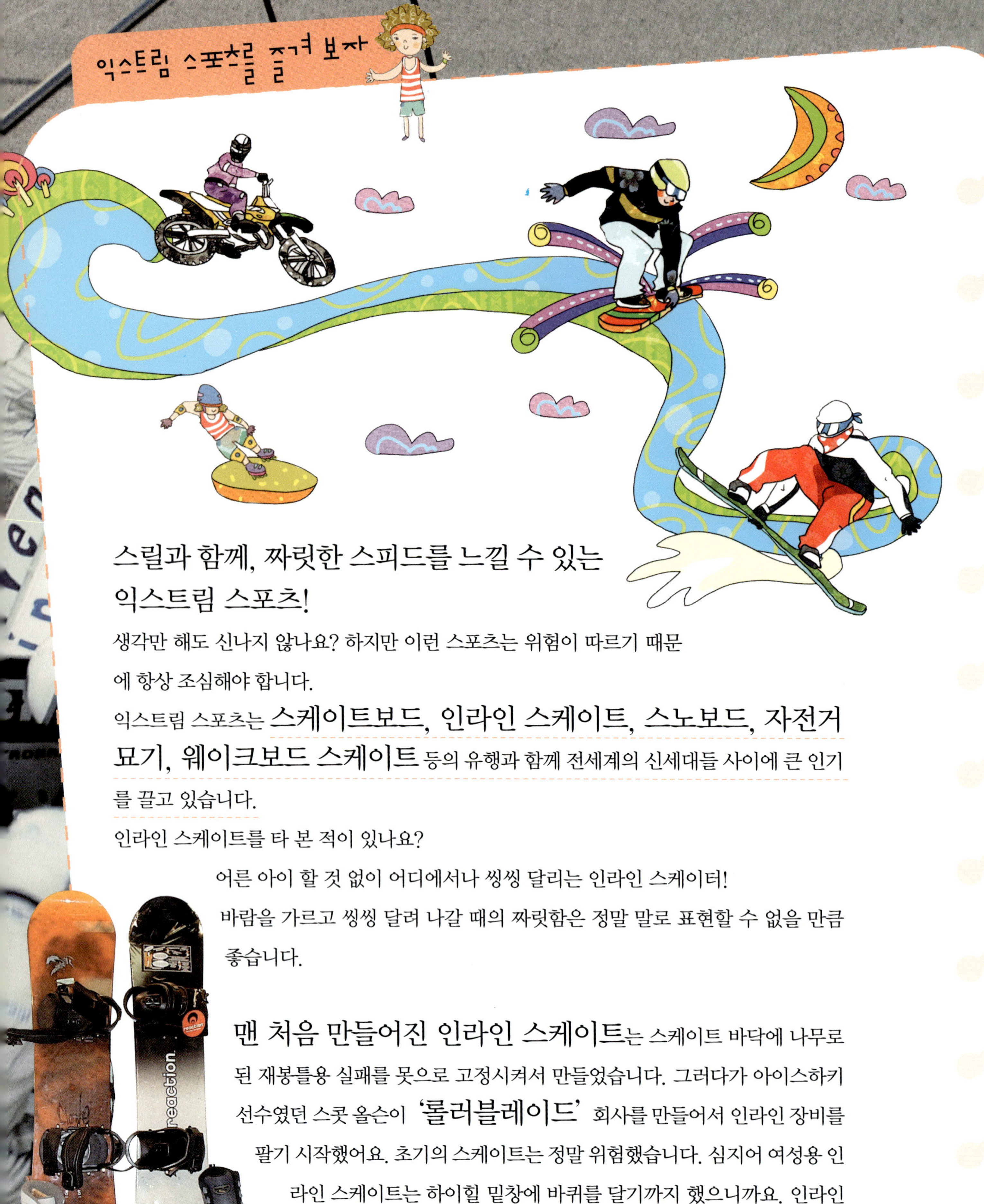

스릴과 함께, 짜릿한 스피드를 느낄 수 있는
익스트림 스포츠!

생각만 해도 신나지 않나요? 하지만 이런 스포츠는 위험이 따르기 때문
에 항상 조심해야 합니다.

익스트림 스포츠는 스케이트보드, 인라인 스케이트, 스노보드, 자전거
묘기, 웨이크보드 스케이트 등의 유행과 함께 전세계의 신세대들 사이에 큰 인기
를 끌고 있습니다.

인라인 스케이트를 타 본 적이 있나요?

어른 아이 할 것 없이 어디에서나 씽씽 달리는 인라인 스케이터!

바람을 가르고 씽씽 달려 나갈 때의 짜릿함은 정말 말로 표현할 수 없을 만큼
좋습니다.

맨 처음 만들어진 인라인 스케이트는 스케이트 바닥에 나무로
된 재봉틀용 실패를 못으로 고정시켜서 만들었습니다. 그러다가 아이스하키
선수였던 스콧 올슨이 '롤러블레이드' 회사를 만들어서 인라인 장비를
팔기 시작했어요. 초기의 스케이트는 정말 위험했습니다. 심지어 여성용 인
라인 스케이트는 하이힐 밑창에 바퀴를 달기까지 했으니까요. 인라인
스케이트를 타기 전에 일단 모든 보호 장비를 꼭 갖춰야 합니다.

그냥 앞으로만 달리는 스케이트는 이제 지겹다구요? 멋진 기술들이 얼마나 많은데요!
모래시계 모양으로 앞으로 가기, 구르기, 돌기 등을 다 익히고 나면, 계단타기 같은 '와!'
소리가 절로 나는 동작들도 도전해 보고 싶을 거예요.
그렇지만 역시 가장 멋진 것은 하프파이프에서 타는 스케이트가 아닐까요? 원통형 모양으
로 길을 만들고 인라인 스케이트를 타고 공중으로 날아오르는 겁니다.

그냥 빠른 속도를 즐기는 게 더 좋다면 차라리 스케이팅 경주는 어떨까요?
신발에 바퀴 하나 달린 거라고 무시하면 안 돼요. 자동차가 시내 도로를 달리는 정도의 빠른
속도로 달리는 사람도 있으니까요.

다른 익스트림스포츠는 없냐
고요?
음… 이렇게 아니라 익스트림 스포츠
를 즐기는 친구들을 만나 볼까요?
스케이트보드를 즐기는 **올리**, 인라
인 스케이트를 좋아하는 **매트**, 그리고
로라는 스노보드에 대해서 이야기를 할 겁니다.

이것이 익스트림이다!

스케이트보드, 인라인 스케이트, 스노보드와 같은 스포츠를 익스트림 스포츠*라고 해요. 기술이 뛰어난 선수들이 불가능해 보이는 동작들을 위험을 무릅쓰고 환상적으로 펼쳐 보입니다. 손에 땀을 쥐게 하는 익스트림 스포츠의 묘기와 기술에 대하여 알아볼까요? 높이 뛰어 허공을 가르며 멀리 날아가거나, 바람처럼 빠르게 달려나가는 모습을 상상해 보세요. 이제부터 보드와 스케이트를 즐기는 올리, 로라, 매트가 익스트림 스포츠에 대해 알려줄 거예요. 어떤 스포츠가 가장 짜릿할까요?

*익스트림 스포츠 : 생명의 위협을 무릅쓰고 여러 가지 묘기를 펼치는 레저 스포츠

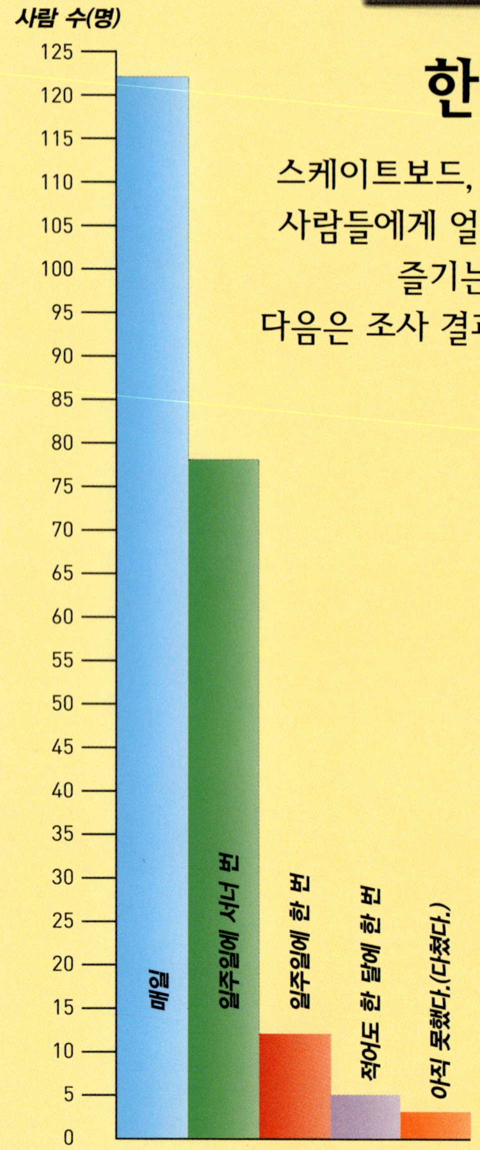

한번 해 볼까!

스케이트보드, 스케이트, 스노보드를 즐기는 사람들에게 얼마나 자주 익스트림 스포츠를 즐기는지 물어 보았습니다.
다음은 조사 결과를 나타낸 막대그래프입니다.

사람 수(명)

막대그래프 세로축: 0, 5, 10, 15, 20, 25, 30, 35, 40, 45, 50, 55, 60, 65, 70, 75, 80, 85, 90, 95, 100, 105, 110, 115, 120, 125

막대그래프 가로축: 매일, 일주일에 서너 번, 일주일에 한 번, 적어도 한 달에 한 번, 아직 못했다.(다쳤다.)

(1) 매일 익스트림 스포츠를 즐기는 사람은 몇 명인지 어림해 보세요.

(2) [일주일에 한 번]보다 더 자주 스포츠를 즐기는 사람은 몇 명인지 어림해 보세요.

(3) [일주일에 한 번]과 [적어도 한 달에 한 번] 즐기는 사람은 모두 몇 명인지 어림해 보세요.

(4) 이 막대그래프로 알 수 있는 것은 다음 중 어느 것인가요?

① 익스트림 스포츠를 하는 남자 수와 여자 수

② 14살 사람의 수

③ 익스트림 스포츠를 가장 많이 즐기는 요일

④ 질문에 응답한 전체 사람 수

68쪽에 도움말이 있습니다.

계단 난간을 타고 뒤로 내려오는 모습

상금과 광고료

선수들은 스포츠 대회에 참여하여 우승 상금을 받습니다. 많은 프로 선수들은 스케이트, 보드, 옷, 신발, 모자, 헬멧, 선글라스나 고글 등을 특정 기업의 상품을 사용하거나 착용하여 광고하는 대가로 기업으로부터 돈을 받습니다.

길거리 스케이트 대회

길거리 스케이트는 길에서 흔히 볼 수 있는 장애물을 이용하여 멋진 기술을 보여 주는 대회입니다. 출전한 선수들은 스케이트를 공원 의자나 길의 경계턱에서 타기도 하고, 계단이나 손잡이를 이용하여 타기도 합니다.

버트 스케이트

버트 스케이트는 하늘로 뛰어오르기 위한 스케이트입니다. 버트는 수직이라는 뜻의 영어 단어 'vertical'의 줄임말입니다. 스케이트보드와 인라인 스케이트를 타고서 하프파이프*의 옆면 경사로와 움푹 파인 바닥을 이용하여 뛰어 오르기, 돌기, 잡기, 미끄러지기 등의 기술을 선보입니다.

*하프파이프 : 원통을 반으로 자른 모양으로 슬로프를 만들어 점프나 기술을 구사할 수 있는 코스

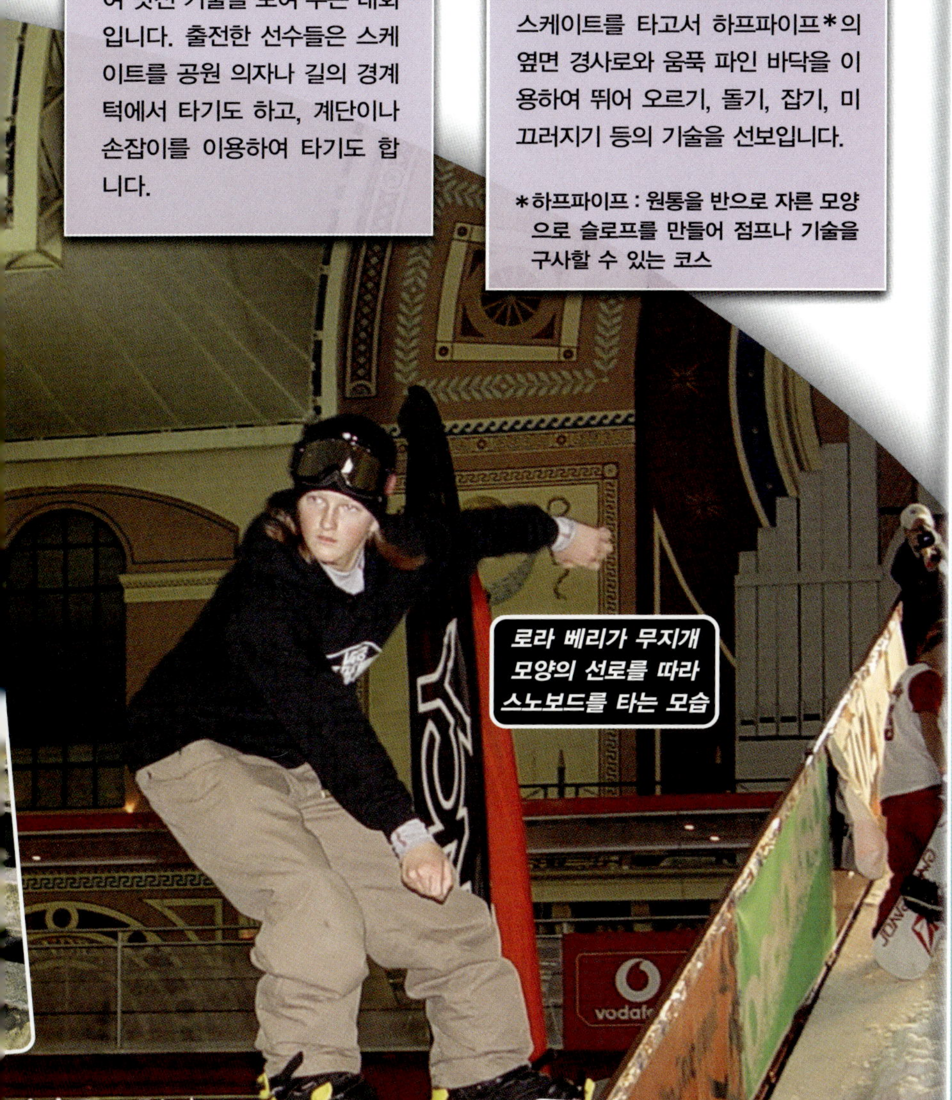

로라 베리가 무지개 모양의 선로를 따라 스노보드를 타는 모습

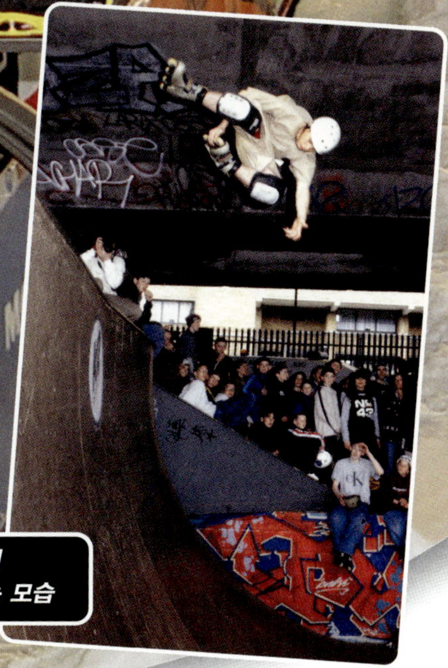

하이파이프 위에서 인라인 스케이트를 타는 모습

도전 문제

스노보드 여행을 준비 중입니다.
이번 여행에 사용할 새 보드를 골라야 합니다.

타는 사람의 무게와 실력, 타는 스타일에 따라서 다른 크기의 스노보드를 사용합니다.

스노보드 디자인이 몇 개 있습니다.

각 디자인으로 만들어지는 스노보드의 길이의 범위와 가격이 적혀 있습니다.

아래 보드들을 비교해 보세요.

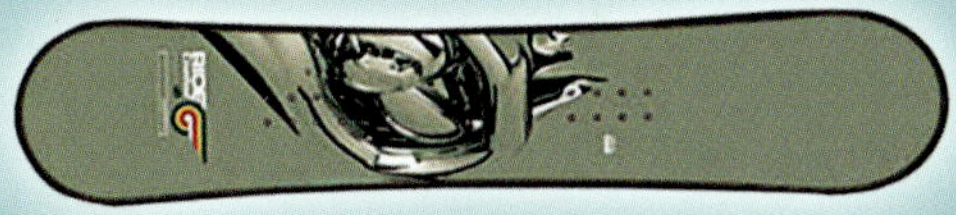

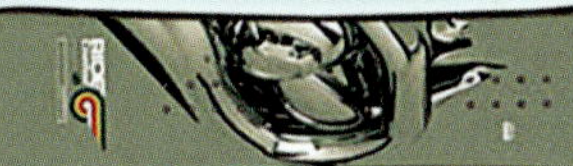

[보드 1]
길이의 범위 : 140cm ~ 155cm
가격 : 299파운드

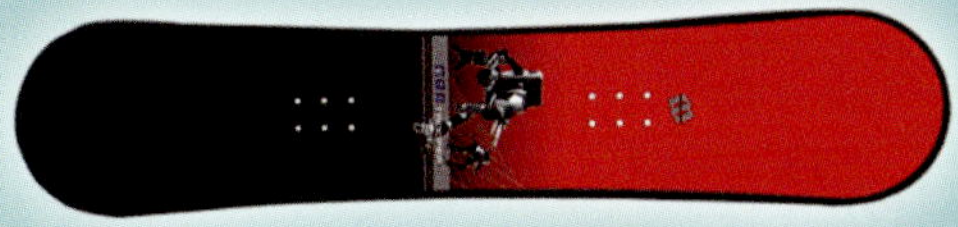

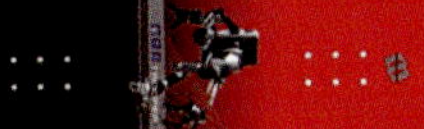

[보드 2]
길이의 범위 : 147cm ~ 159cm
가격 : 349파운드

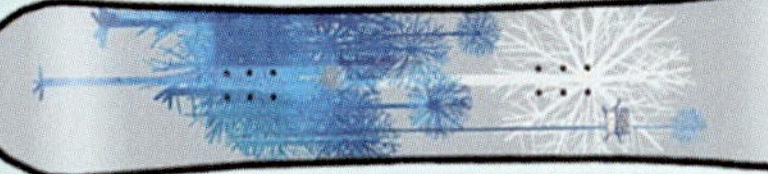

[보드 3]
길이의 범위 : 148cm ~ 156cm
가격 : 325파운드

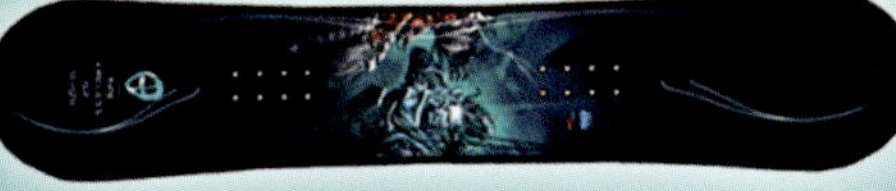

[보드 4]
길이의 범위 : 147cm ~ 157cm
가격 : 343파운드

(a) 길이의 범위가 가장 큰 보드는 어느 것인가요?

(b) 가격을 일의 자리에서 반올림했을 때, 350파운드가 되는 것은 어느 것인가요?

68쪽에 도움말이 있습니다.

올리와 스케이트보드 타기

올리는 스케이트보드에 대해서 이렇게 말합니다. "스케이트보드는 스포츠 그 이상이에요. 하나의 문화죠. 스포츠 회사들은 옷과 신발을 만들어내고, 스케이트보드를 배우려는 사람이나 선수들을 위한 비디오 제작도 하게 되죠. 또 새 친구를 사귈 수 있는 좋은 기회가 되기도 합니다. 스케이트보드는 다양한 기술의 스포츠예요. 기술이 수백 가지나 되거든요. 스케이트보드를 잘 타려면, 운동 신경도 좋아야 하지만 창의성이 있어야 해요. 멋진 기술을 배우는 데 몇 년씩 걸리기도 하기 때문에 두려움이 없어야 하고, 인내심도 많아야 해요!"

한번 해 볼까!

스케이트보드의 세 가지 기술입니다.

각각의 기술을 펼칠 때, 보드가 도는 각도가 한 바퀴의 몇 분의 몇인지 알아봅시다.

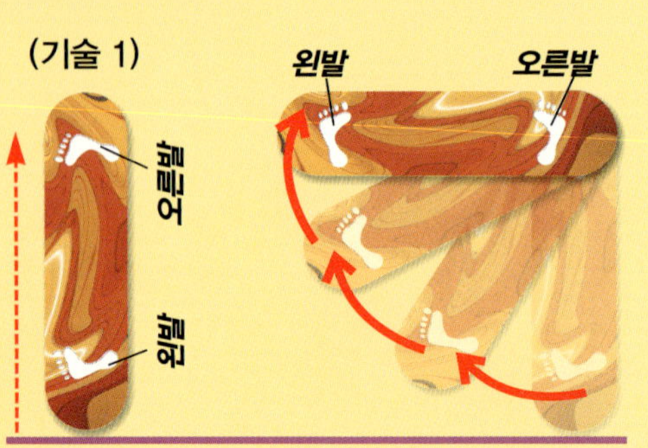

미끄러지기 (기술 1,2)

몸의 무게를 보드 한쪽 면에 싣고, 뒷바퀴를 미끄러지게 합니다. 이것은 속도를 줄이는 방법입니다.

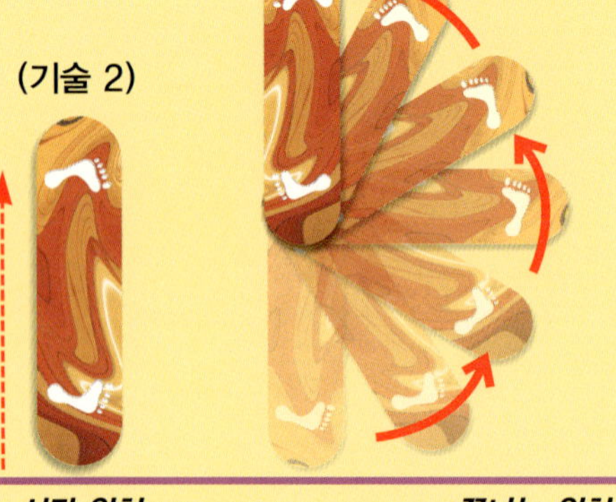

회전하기 (기술 3)

올리처럼 공중에 떠 있는 동안 보드를 몸 가까이에서 돌립니다.

68쪽에 도움말이 있습니다.

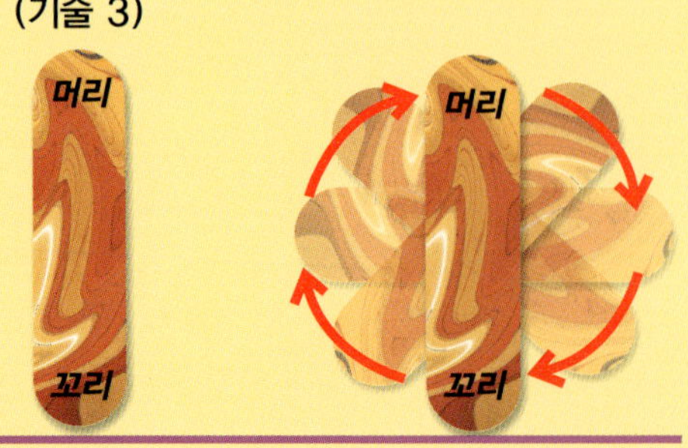

높이 뛰기

스케이트보드의 가장 유명한 기본 기술인 '알리' 는 1970년대 후반에 알란 알리 갤펀드라는 사람에 의해 만들어졌습니다. 스케이트보드 꼬리 위에 있는 발을 강하게 구르면, 꼬리가 땅을 치고 튀어 오르는 힘으로 다리와 보드가 함께 공중으로 뜹니다. 그 다음에는 다른 쪽 발을 앞으로 밀면서 착지합니다. '알리'를 높이 뛰게 되면 마치 보드가 발바닥에 착 달라붙어 있는 것처럼 보인답니다.

만리장성을 넘다

스케이트보드 세계 챔피언인 대니 웨이가 중국 만리장성을 스케이트보드를 타고 뛰어넘는 세계 기록을 수립했습니다. 활강용 구조물을 이용하여, 폭 18.6m인 만리장성을 모두 4차례나 뛰어넘는 진기록을 만들어 냈어요. 지금까지 많은 사람이 다양한 방식으로 만리장성 뛰어넘기를 시도했으나 스케이트보드로 성공하기는 처음이라고 하는군요.

도전 문제

스케이트보드의 바퀴가 도는 모습을 나타낸 그림입니다.

각 바퀴가 돌아간 각도는 몇 도인가요?

스케이트보드의 다양한 기술

스케이트보드를 타면서 사용하는 기술 용어들이에요. 다음은 각 기술들에 대한 설명입니다.

에어 : 스케이트보드를 타고 공중으로 뛰어오르는 것

팻 : 멀리 또는 높이 뛰는 기술을 설명하는 말

플립 : 스케이트보드가 완전히 공중으로 떴다가 바퀴로 착지하는 동작

구피 : 오른발을 앞에 두고 타는 것

킥턴 : 하이파이프 위에서 탈 때, 앞바퀴를 공중에 띄운 채로, 뒷바퀴로 도는 것

매뉴얼 : 한쪽 바퀴만을 사용하여 균형을 잡고 가는 기술

레귤러 : 왼발을 스케이트나 스노보드의 앞에 두고 타는 것

리버트 : 180°로 방향을 바꾸어 올라갈 때의 발 방향과 내려올 때의 발 방향이 같은 것

스케치 : 흔들리거나 겨우 착지했을 때의 기술

슬램 : 스케이트보드에서 떨어지는 것

스위치스탠드 : 스케이트나 스노보드를 평소 타는 방향과 반대 방향으로 타는 것

매트와 인라인 스케이트 타기

이번에는 매트의 이야기입니다. "인라인 스케이트를 타는 것은 정말 흥분돼요. 빠른 속도로 달리고, 스릴 있는 묘기를 부릴 수도 있거든요. 인라인 스케이트를 즐기는 방법은 두 가지예요. 하나는 경주로를 따라 빠르게 달리는 것이고, 다른 하나는 길이나 도약대에서 기술을 보이는 것이죠. 익스트림 스포츠 마니아*들은 단지 빠르게 달리는 것만이 전부가 아니라고 생각해요. 특히 인라인 스케이트는 스릴이 있으면서도, 보드와 달리 스케이트를 신고 즐기는 스포츠라서 간단하게 시작할 수 있어요."

*마니아 : 어떤 한 가지 일에 몹시 열중하는 사람. 또는 그런 일

한번 해 볼까!

스케이트를 잘 타려면 단련된 몸, 기술, 전략 이 세 가지가 모두 갖춰져야 합니다. 예선 경기는 한번에 10명까지 경주합니다. 다른 사람 옆에 바짝 붙어서 빠른 속력을 내려면 기술이 뛰어나야 합니다.

300m 결승 경기에 출전한 10명의 선수가 있습니다. **DATA BOX** 를 보고, 다음 물음에 답하세요.

(1) 26초보다 적게 걸린 사람은 몇 명인가요?

(2) 27초를 넘긴 사람은 누구인가요?

(3) 25.3초의 기록을 낸 사람이 있다면, 3위, 5위, 11위 중 몇 위일까요?

(4) 세 개의 경주로에서 예선 경기가 치뤄집니다.

- 경주로 1 : 209명 참가
- 경주로 2 : 92명 참가
- 경주로 3 : 165명 참가

한번에 최대 10명까지 함께 경주할 수 있습니다.
각 경주로에서 예선 경기를 치루기 위해 최소한 몇 팀을 짜야 할까요?

 68쪽에 도움말이 있습니다.

인라인 스케이트 경주 모습

스케이트의 속도

매트 킹은 런던에서 실제로 친구들과 속도 측정 카메라를 설치하여 자신의 스케이트 속도를 재어 보았습니다. 이때, 속도를 재빨리 높이기 위해 자동차의 뒤를 꼭 잡고 달리기 시작했습니다.(위험하니 여러분은 절대 따라하지 마세요.) 속도 측정 카메라에 찍힌 스케이트 속도는 무려 129km/시 였습니다.

함께 타기

많은 사람들이 인라인 스케이트를 타려고 런던, 파리, 뉴욕과 같은 도시에 모였습니다. 그들은 함께 야간 스케이트를 타며, 도시의 야경을 즐깁니다. 그 중 한 사람이 앞에 서서 다른 사람을 이끌어줍니다.

DATA BOX

스케이트 경주 기록

이름	시간 기록(초)
졸리	25.0
폴	24.4
모	25.2
조쉬	27.9
덱	25.6
필	26.3
앤	30.2
란	24.7
플로	26.8
데이브	31.5

뮤트 에어 기술

인라인 스케이트의 다양한 기술

이번에는 인라인 스케이트를 타면서 사용하는 기술 용어들입니다. 이런 다양한 기술들을 모두 익힌다면 한 번쯤 스케이트 대회에 참가해 보세요.

에어 : 공중 묘기. 길과 도약대 어디에서든 가능합니다. 공중에 있는 동안 돌기, 튀어오르기, 잡기(스케이트 잡기)등의 기술을 보이는 것

플라이 피쉬 : 왼쪽 발은 몸 아래로 접은 채로 오른손으로 오른쪽 스케이트를 잡고, 다리를 펴는 것

뮤트 에어 : 다리를 몸 앞쪽으로 구부리고, 오른손으로 왼쪽 스케이트를 잡는 것

로켓 에어 : 두 다리를 몸 앞으로 쭉 펴고, 왼손은 오른쪽 발끝을, 오른손은 왼쪽 발끝을 치는 기술

세이프티 그랩 : 무릎을 접어 몸을 둥글게 하고, 오른손으로 오른쪽 신발을 왼손으로 왼쪽 신발을 잡는 기술

루이 캉 : 무릎을 가슴까지 끌어올리고, 왼손으로 왼쪽 신발을 잡거나 오른손으로 오른쪽 신발을 잡고, 반대편 다리를 차는 것

도전 문제

스케이트를 신고, 하프파이프에서 공중으로 뛴 높이가 4m였습니다.

1피트(ft)가 30cm라면, 4m는 약 몇 피트(ft)인지 골라 보세요.
(약 5 피트(ft),   약 13 피트(ft),   약 23 피트(ft))

로라와 스노보드 타기

로라의 이야기입니다. "스노보드는 정말 환상적이에요. 재미있고, 흥분되죠. 저는 전 세계를 여행하면서 새로운 사람들을 만나고 친구를 사귑니다. 서로를 격려하고, 다른 사람의 연습을 도와주기도 하며 함께 탈 수 있어서 즐겁죠. 저는 스노보드로 하는 것이라면 무엇이든 다 좋아요. 스노보드 대회는 산에서 열려요. 눈이 쌓인 실내 슬로프* 도 있고, 눈이 없는 슬로프도 있어요. 스노보드 경기에는 기술 경기, 점프 경기, 속도 경기가 있어요."

*슬로프 : 스키를 탈 수 있는 경사진 장소

한번 해 볼까!

하프파이프 대회 결승날입니다. 하프파이프는 커다란 파이프(원통)를 반으로 자른 것처럼 생겼습니다. 오늘 스노보드를 위한 하프파이프는 눈으로 만들어졌습니다. 스노보드를 타고 기술을 보이며 내려옵니다. 네 가지 기준으로 채점을 하며, 기준당 10점 만점입니다. 총점이 가장 높은 사람이 우승합니다.

DATA BOX 에는 여섯 명의 점수가 있습니다.

(1) 누가 가장 낮은 점수를 받았나요?

(2) 난이도 점수와 점프 기술 점수 모두 로브보다 높은 점수를 받은 사람은 누구인가요?

(3) 자크와 같은 점수를 받은 사람은 누구인가요?

(4) 총점이 홀수*가 되는 사람은 몇 명인가요?

(5) 이 대회에서 가장 높은 점수를 받은 사람은 누구인가요?

*홀수 : 2로 나누어 떨어지지 않는 수

68쪽에 도움말이 있습니다.

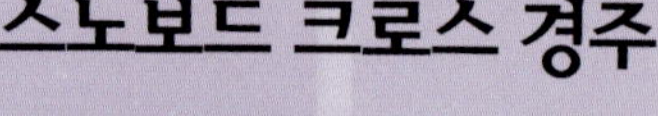

스노보드 크로스 경주

6명이 장애물을 넘어 내려오며 경주를 하는 것을 스노보드 크로스라고 합니다. 코스 길이는 약 1km입니다. 각 팀에서 가장 빠른 사람이 최종 결승에 나가며, 우승자는 금메달을 받습니다. 슬로프 모양은 레일, 점프대, 하프파이프로 이루어져 있습니다.

스노보드 타기

하프파이프 가장자리에서의 점프 기록은 9m이고, 점프해서 최고 회전 기록은 1260°입니다. (1260°는 공중에서 세 바퀴 반을 돌았다는 뜻입니다.)

도전 문제

스노보드 점프 대회는 하프파이프에서 열립니다.
점프의 높이와 회전 수를 기록하여 우승자를 정합니다.

다음은 점프의 높이를 기록한 막대그래프입니다.

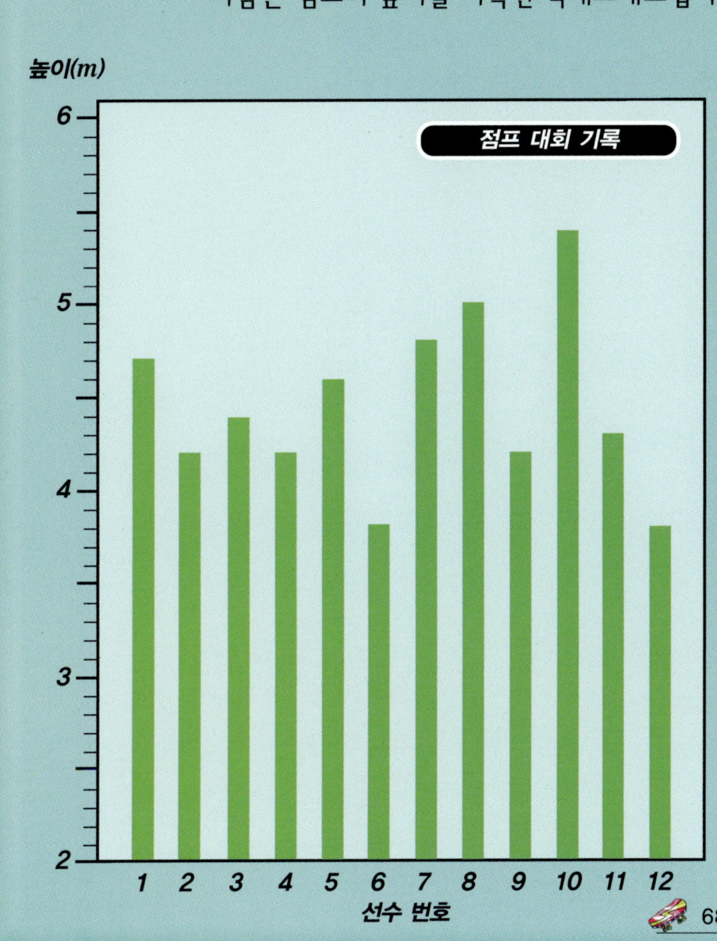

(a) 가장 높은 기록과 가장 낮은 기록의 차는 몇 m인가요?

(b) 가장 여러 번 나온 기록을 찾아보세요.

68쪽에 도움말이 있습니다.

연습으로 실력 쌓기

최고의 익스트림 스포츠 선수들은 학교에 다니면서 프로 선수를 하는 사람이 많아요. 학교 생활을 하면서도 최고의 자리를 유지하기 위해서 그들은 하루에 8시간까지 연습을 해요. 올리, 로라, 매트는 모두 연습하고, 연습하고, 또 연습하는 것만이 자신의 기술과 점프 기록을 높일 수 있는 유일한 방법이라고 말해요. 최고가 되고 싶다면 많은 시간과 노력을 투자해야 해요. 물론 익스트림 스포츠를 사랑한다면 당연히 많은 시간을 보드나 스케이트와 함께 보내겠죠?

한번 해 볼까!

다음은 일주일 동안 기술을 연습하는 횟수를 나타내는 그림그래프입니다.

기술

스케이트보드

(a) 킥플립

(b) 리버트

(c) 알리

◉ =10번
◯ =10번
❄ =10번

인라인 스케이트

(a) 뮤트 에어

(b) 루이 캉

(c) 세이프티 그랩

스노보드

(a) 로데오*

(b) (앞으로) 540 멜론*

(c) (뒤로) 180 인디*

(1) 각 스포츠에서 (a) 기술을 연습하는 횟수는 얼마인가요?

(2) 각 스포츠에서 (a) 기술은 (b) 기술보다 얼마나 더 많이 연습하나요?

(3) 스포츠별로 기술을 연습한 횟수를 구해 보세요.

＊로데오 : 공중에서 540°를 뒤로 돌아 내리는 기술

＊540 멜론 : 다리 사이로 보드를 잡고, 한 바퀴 반을 도는 기술.

＊180 인디 : 구피(오른발을 앞에 둠) 자세라면 180° 반시계 방향으로 도는 것. 이때, 몸 뒤쪽 손으로 다리 사이의 보드를 잡는다.

68쪽에 도움말이 있습니다.

인라인 스케이트의 영웅

쉐인 요스트

매트가 인라인 스케이트 영웅에 대해 이야기 하는군요.

"쉐인 요스트는 플립(뛰어 오르기)과 스핀(돌기)으로 유명한 인라인 스케이트 선수예요. 쉐인은 1260° 회전 기술을 처음으로 성공한 선수죠."

유씨 옥사넨

로라는 스노보드 선수로 유명한 선수에 대해 이야기하는군요.

"스노보드에서는 핀란드 출신의 유씨 옥사넨이 유명하죠. 유씨는 양쪽 방향으로 모두 1080° 회전이 가능한 선수예요."

토니 호크

올리는 스케이트보드 선수 중 유명한 사람인 토니 호크에 대해 이야기 합니다.

"스케이트보드 선수 중에서 가장 유명한 토니 호크는 백여 개의 경기에서 우승했고, 수십 개의 기술을 만들어 냈어요. 그는 14살 때 프로 선수가 되었대요. 토니는 900°(공중에서 두 바퀴 반)를 돌고 착지에 성공한 최초의 선수예요."

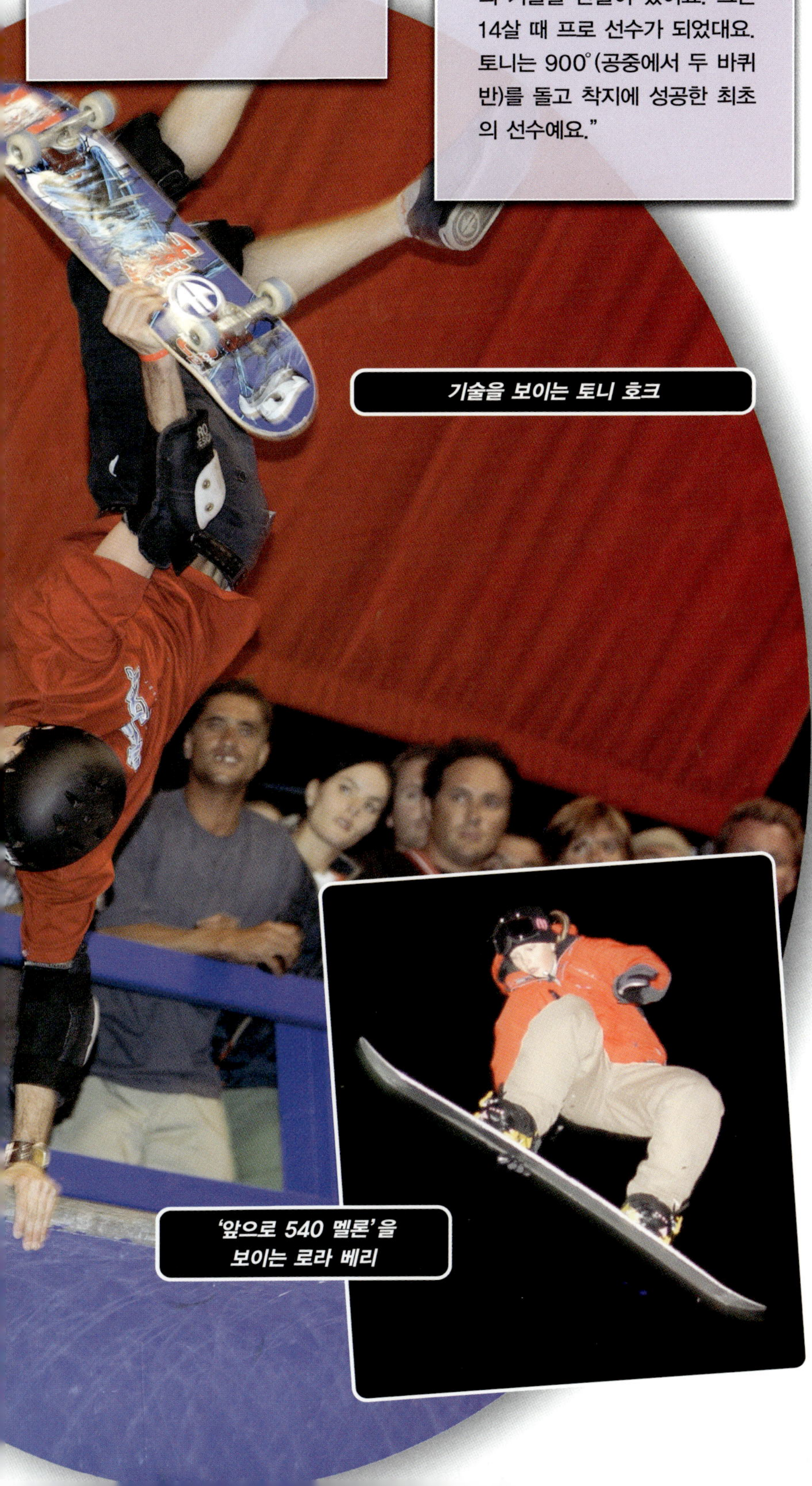

도전 문제

스케이트와 보드는 얼마나 사용할 수 있을까요?

올리는 "처음 시작하는 사람이라면 1년 정도 쓸 수 있어요. 하지만 한번에 20차례씩 점프를 연습하는 프로가 쓰는 보드라면 1시간밖에 못 버티죠."라고 말합니다.

여기에 있는 보드와 스케이트는 많은 시간 동안 격렬한 연습에 사용된 것입니다. 지금은 고장이 나고 부서져서 더 이상 사용할 수 없는 것들이지요.

바퀴가 망가진 인라인 스케이트 :
5월과 6월 사용

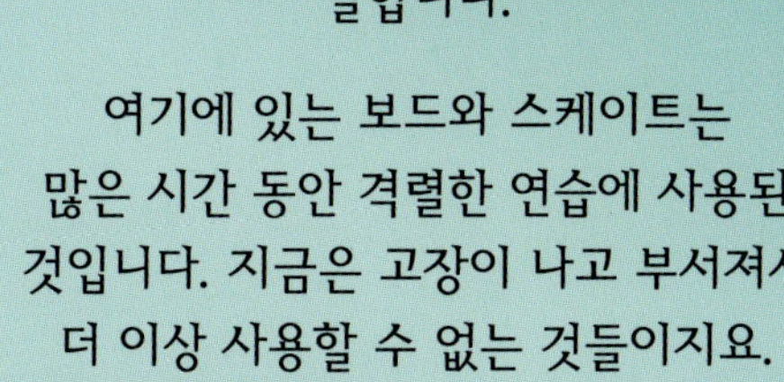

낡은 스노보드 :
336시간 사용

낡은 스케이트보드 :
10080분 동안 사용

(a) 각 장비를 사용한 시간을 '일'로 표현하면, 며칠이 될까요?

(b) 각 장비를 사용한 시간을 '주'로 표현한다면, 몇 주가 될까요?

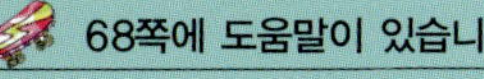 68쪽에 도움말이 있습니다.

길거리 스케이트 대회

스케이트보드와 인라인 스케이트는 길거리 스케이트 대회를 통해 자신의 기량을 선보일 수 있어요. 길거리 대회의 코스는 상자, 점프대, 레일로 만들어지고, 경기 코스의 장애물은 우리가 길에서 보는 계단, 도로의 턱, 언덕, 레일처럼 생겼습니다. 각 참가자는 45초에서 1분의 시간 동안 코스를 돕니다. 이때, 최대한 여러 가지 장애물을 이용하여 자신의 기술을 보여 주어야 하는데 꼭 정해진 동작은 없어요. 심판은 창의성, 스타일, 기술의 난이도, 기술의 전체 구성을 보고 심사를 하기 때문이지요.

한번 해 볼까!

길거리 대회에서는 5명 또는 6명의 심판이 심사를 합니다. 이 점수 중 가장 낮은 점수와 가장 높은 점수는 버리고 나머지 점수로 평균을 구합니다. 대회에서 받을 수 있는 최고 점수는 100점입니다.

옆에 있는 것은 스케이트보드나 인라인 스케이트로 지나갈 수 있는 경기 코스입니다. 처음 출발할 때에는 100점(최고 점수)을 갖고 출발합니다. 길 위에는 심판의 계산이 적혀 있습니다. 길을 따라가면서 계산을 해 보세요.

도착한 길에서 받은 점수는 각각 몇 점인가요?

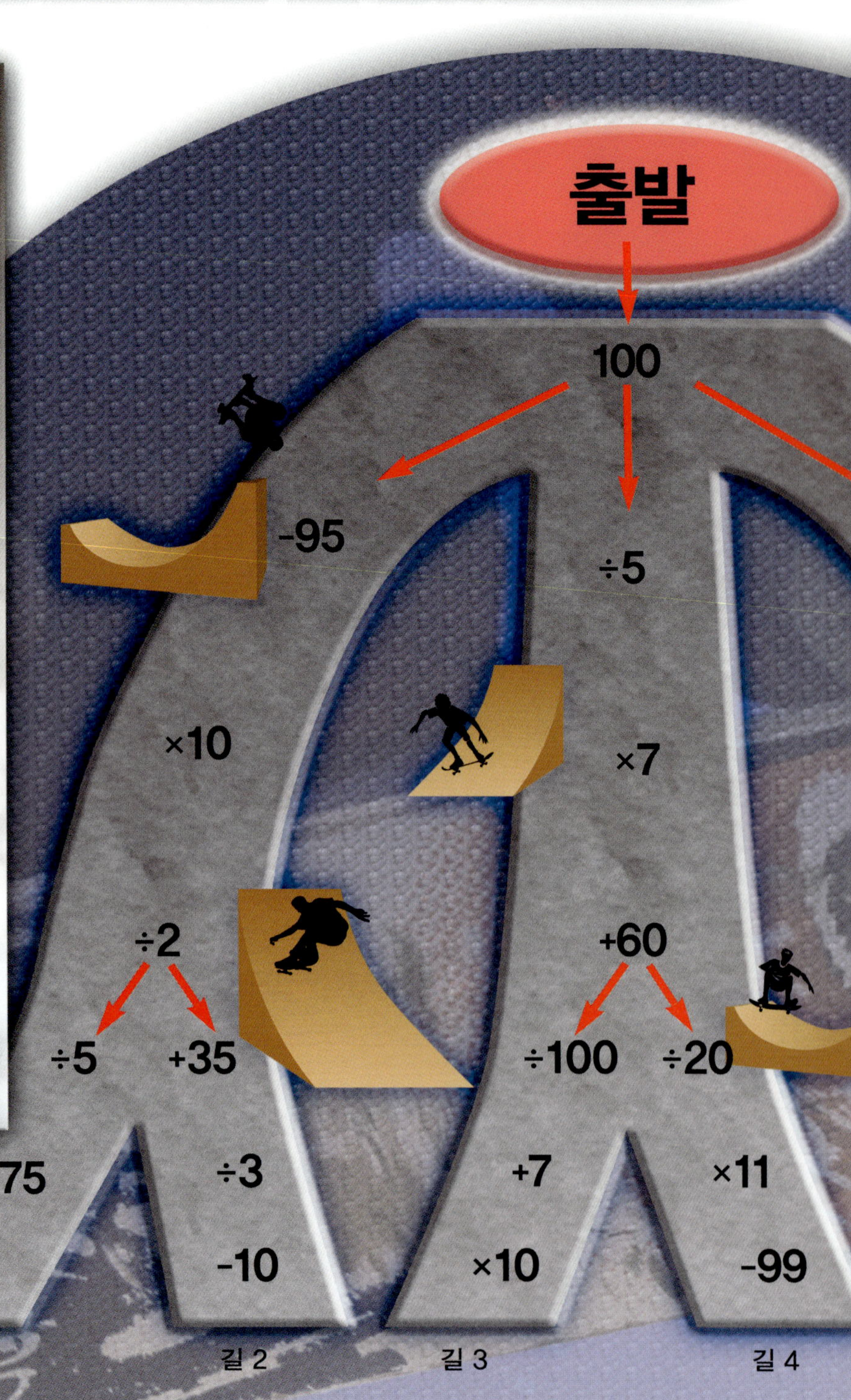

높이 뛰기 세계기록

2002년에 스케이트보드 선수인 대니 웨이가 가장 높이 공중을 날았습니다. 그는 15m짜리 도약대에서 뛰어올라서 총 19.81m까지 올라갔다가 안전하게 착지했습니다. 보지 않고는 믿을 수 없는 일이었지요. 그 다음 날 대니는 도약대 위로 5.56m를 뛰는 기록을 남겼습니다. 나중에 파도타기 사고로 목에 부상을 입었지만 치료가 끝나자 다시 스케이트보드 선수 생활을 계속했다고 하는군요.

계단 손잡이를 타고
내려오는 모습

길거리 대회에서 기술을
보여 주는 스케이트보드 선수

도전 문제

스케이트보드를 타는 100명에게
얼마만에 새 보드를
사는지 물었습니다.
다음은 그 결과입니다.

한 달에 한 번	27명
세 달에 한 번	30명
여섯 달에 한 번	23명
일 년에 한 번	20명

이 사람들이 1년 동안 산 보드의
개수는 모두 몇 개인가요?

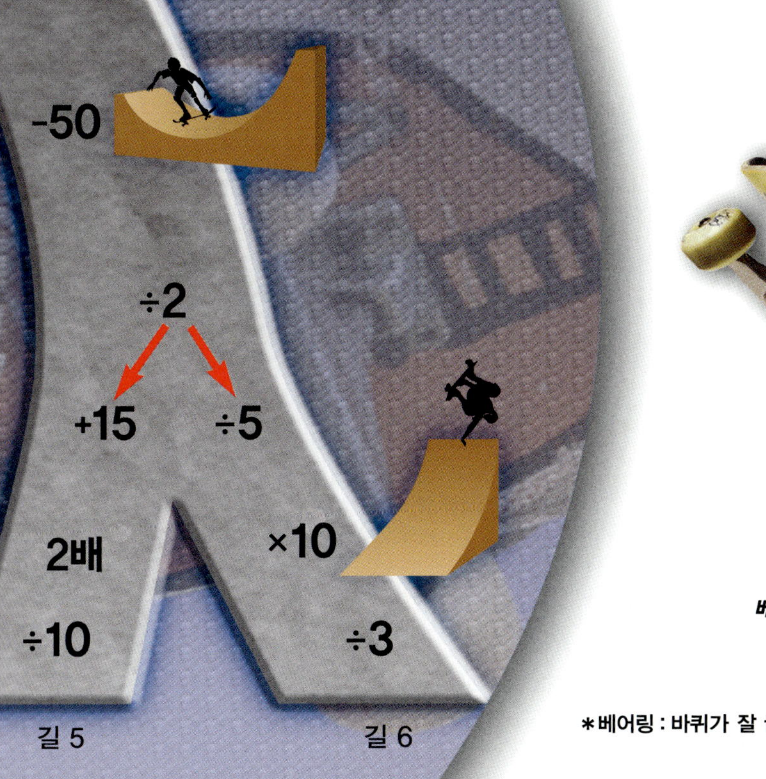

스케이트보드 평균 폭은 18~21.5cm이고,
길이는 81cm, 두께는 1cm입니다.

베어링*

축나사

바퀴의 폭은
약 54mm입니다.

*베어링 : 바퀴가 잘 굴러가도록 회전 수를 늘려주는 것

더 빠르게!

스피드 스케이트 대회에서는 통제된 도로 위를 달리며 순위를 정해요. 최종 결승전에서 각 선수들은 자신의 기량을 최대한 발휘하며, 치열한 경쟁을 펼칩니다. 달리는 동안 선수들은 몇 개의 무리로 나누어져 줄을 서서 달리는데, 다른 사람의 뒤에 붙어 있으면 바람으로 인한 에너지 손실을 막을 수 있기 때문이죠. 열을 지어 가다가 자신이 속한 무리의 속도가 떨어지면, 속도를 올려서 앞에 있는 다른 무리로 옮겨 갑니다. 그러다 결승점이 가까워지면, 열을 벗어나 결승점을 향한 마지막 질주를 시작합니다.

한번 해 볼까!

스피드 스케이트 대회의 경기 거리는
300m짜리 단거리부터 50km, 161km 철인 경기까지
매우 다양합니다.

130m 길이의 트랙에서 스피드 스케이트 대회가 열렸습니다.
(경주로를 한 바퀴 도는 거리가 130m입니다.)
각 트랙에서는 다음의 경기가 열립니다.
A트랙-500m경기 B트랙-1000m경기
C트랙-1500m경기 D트랙-5000m경기

(1) 다음과 같이 트랙을 돌았습니다. 어느 트랙에서 경기를 한 것인가요?

  (a) 11바퀴는 넘고, 12바퀴보다는 적게 돌았다.

  (b) 3바퀴는 넘고, 4바퀴보다는 적게 돌았다.

  (c) 38바퀴는 넘고 39바퀴보다는 적게 돌았다.

  (d) 7바퀴는 넘고 8바퀴보다는 적게 돌았다.

(2) 네 경기 중에서 130m 경주로에 가장 비슷하게 맞는 경기는 어느 것인가요?(몇 바퀴를 돌고 나서 남거나 모자라는 거리가 가장 적은 경기를 고르세요.)

400m 길이의 트랙에서 경기를 하려고 합니다.

(3) 아래 경기를 하려면, 트랙을 몇 바퀴 돌아야 하는지 분수를 이용하여 나타내 보세요.

  (a) 500m   (b) 1000m   (c) 1500m

  (d) 3000m   (e) 5000m   (f) 10000m

최고 속력

2003년 9월에 인라인 스케이트 선수인 위르겐 콜러가 281.25km/시의 속력으로 새로운 세계 신기록을 세웠습니다. 어떻게 그런 속도를 낼 수 있었을까요? 당시 그는 8500달러짜리 특수복과 스케이트를 착용하고, 오토바이에 매달려 있었습니다. 콜러는 기록 갱신을 위해 특별하게 만들어진 상황 안에서 안전 점검 후 기록을 만들어 냈습니다. 이 후에도 새로운 기록이 많이 나왔답니다.

등산 기록

1998년 인라인 스케이트 선수인 데이브 쿠퍼와 에디 메츠거가 특별한 도전을 했습니다. 그것은 스케이트를 타고 아프리카에서 가장 높은 산인 킬리만자로 산에 올라가는 것이었죠. 산을 올라가는 데에만 6일, 내려오는 데에는 2일이 걸렸습니다. 열대우림과 화산 지대를 지나고, 두껍게 쌓인 눈도 뚫고 가야 했습니다.

도로에서 경기하는 모습

아프리카에서 가장 높은
킬리만자로 산

도전 문제

미국 인라인 스케이트 선수인 데비 라이스는
가장 빠른 여자 선수로 기네스북에 올랐습니다.
데비 라이스는 98km/시의 기록을 갖고 있습니다.

어떤 인라인 스케이트 선수가
60km/시의 속도로 달리고자 합니다.
(60km/시란, 1시간에 60km를 달리는 속도를 말합니다.)

(a) 1분에 몇 km를 달려야 합니까?

(b) 1초에 달려야 하는 거리는 다음 중 어느 것인지 골라 보세요.

$$\left(\frac{1}{6}\,\text{km}, \quad 0.5\,\text{km}, \quad 0.6\,\text{km}, \quad \frac{1}{60}\,\text{km}\right)$$

위험한 도전

때로는 아주 높고 위험한 슬로프*에 도전하기도 합니다. 2001년 5월에 22살인 마르코 시페르디가 처음으로 세계에서 가장 높은 산인 에베레스트 산에서 스노보드를 타고 내려왔습니다. 마르코와 그의 팀은 에베레스트 산 꼭대기에 올라가서 동이 트자마자, 마르코 혼자서 스노보드를 타고 2시간 30분만에 내려왔습니다. 그는 어떤 특별 장비도 사용하지 않았고, 스노보드 그리고 뛰어난 기술과 용기만 믿었을 뿐입니다. 그러나 안타깝게도 마르코는 몇 달 후, 에베레스트 산 활강을 다시 시도하다가 실종되었다는군요.

*슬로프 : 스키를 탈 수 있는 경사진 장소

한번 해 볼까!

세계에서 가장 높은 산과 익스트림 슬로프에 대한 문제들을 정복해 봅시다.

(1) 마르코 시페르디가 2시간에 8000m를 내려왔다면, 1시간에 몇 km를 내려온 것일까요?

(2) 그래서 마르코의 속도는 (　　　)km/시입니다.

(시간당 몇 km를 내려왔는지 생각해 보세요.)

(3) **DATA BOX** 를 보고, 산의 높이의 차를 m로 나타내 보세요.

(a) 맥킨리 산과 빈손 산

(b) 에베레스트 산과 아꼰까구아 산

(c) 킬리만자로 산과 엘브루즈 산

(d) 아꼰까구아 산과 빈손 산

(e) 에베레스트 산과 킬리만자로 산

69쪽에 도움말이 있습니다.

산에서 주의할 점

높은 산에서의 익스트림 스포츠를 즐기는 것은 목숨을 건 도전입니다. 가장 주의해야 할 것은 빙하의 표면에 생긴 깊은 균열이에요. 이곳에 빠지면 아무도 구출하지 못하기 때문입니다. 눈사태 같은 돌발 상황도 변수예요. 눈인 줄 알고 내딛었는데 얼음인 경우도 위험한 상황이죠.

정상은 헬리콥터로

알래스카처럼 올라가기 매우 힘든 곳에는 헬리콥터를 타고 산 정상에 내린 다음, 스노보드를 타고 내려오기도 합니다.

 ## 스노보드로 오른 높은 산들

세계 각 대륙에서 높은 산들입니다. 스노보드로 정복된 산이기도 하지요.

아시아	남아메리카	북아메리카	아프리카	유럽	남극
에베레스트 산	아꼰까구아 산	맥킨리 산	킬리만자로 산	엘브루즈 산	빈손 산
높이 8850m	높이 6960m	높이 6194m	높이 5895m	높이 5642m	높이 4897m

눈사태를 피하라!

스노보드를 타다가 눈사태 때문에 죽기도 합니다. 그래서 산에서 내려올 때는 눈사태의 위험이 있지는 않은지, 눈의 상태를 꼭 확인해야 합니다. 라디오 수신기를 가지고 다니는 것도 도움이 됩니다. 만약 눈사태 속에 갇히게 되었다면, 라디오 수신기로 신호를 보내어 구조 요청을 할 수 있습니다.

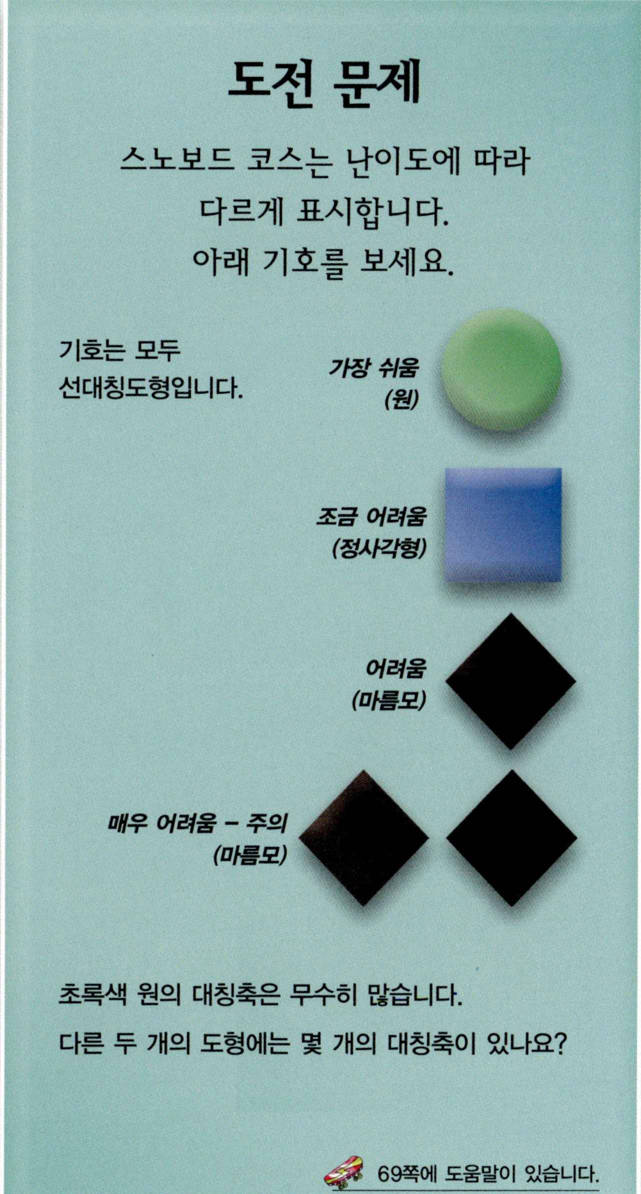

도전 문제

스노보드 코스는 난이도에 따라
다르게 표시합니다.
아래 기호를 보세요.

기호는 모두
선대칭도형입니다.

가장 쉬움
(원)

조금 어려움
(정사각형)

어려움
(마름모)

매우 어려움 – 주의
(마름모)

초록색 원의 대칭축은 무수히 많습니다.
다른 두 개의 도형에는 몇 개의 대칭축이 있나요?

69쪽에 도움말이 있습니다.

하늘을 향해!

버트 스케이트 대회에서는 도약대와 하프파이프, 상자(경사면을 둔 큰 나무 상자)를 사용합니다. 스케이트 대회에서는 가장 어려우면서 환상적인 동작을 보여주기 때문에 실수를 하면 바로 실격됩니다. 이 기술은 아주 우연히 만들어졌습니다. 어린 소년이 수영장의 물을 빼고, 친구들과 스케이트보드를 타고 수영장에 내려가는 놀이를 하고 있었습니다. 그러다가 속력을 충분히 내면, 스케이트보드가 수영장 벽을 타고 올라갈 수 있다는 것을 발견하였습니다. 이렇게하여 새로운 스케이트 기술이 만들어진 것입니다.

한번 해 볼까!

직접 경사대와 상자를 만들어서 자신의 정원에
스케이트장을 만들기도 합니다.

사람들이 다각형으로 경사대를 만드느라 분주합니다.
아래 그림은 몇 개의 나무 조각의 면의 모양을
보고 분류한 것입니다.

(1) 분류 기준이 무엇인지 말할 수 있나요?

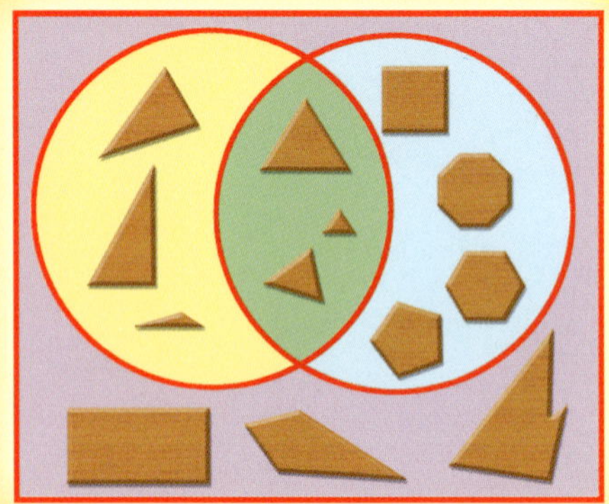

(2) 아래에 삼각형은 모두 몇 개인지 찾아보세요.

69쪽에 도움말이 있습니다.

세계 최대의 보드

미국의 조엘 파울 스파벤과 제미 맨비는 세계에서 가장 큰 스케이트보드를 만들었습니다. 이 거대한 스케이트보드는 길이가 7.231m(23.65피트)이고, 폭이 30cm(11.81인치), 두께가 7.5cm(2.95인치)이며, 제작 비용은 500파운드가 들었습니다.

스케이트장

하프파이프 : 가운데가 평평한 U자 모양의 경사로입니다. 옆에서 보면 큰 원통을 반으로 자른 것처럼 생겼습니다. 양 끝에 있는 수직 구간에서 위로 뛰어오르고 기술을 선보입니다.

미니 경사로 : 1m~1.8m 높이의 작은 하프파이프로, 수직 구간은 없습니다.

도약대 : 하프파이프를 반으로 자른 모양입니다. 길이나 공원에서도 볼 수 있습니다.

볼 : 커다란 밥공기 모양입니다. 야외 공원에서 볼 수 있으며, 콘크리트로 만들어져 있습니다.

도전 문제

경사면의 길이(가로)와 폭(세로), 높이를 정했습니다.

(a) 경사면의 넓이는 약 몇 m²인지 반올림하여 일의 자리까지 나타내 보세요.

(b) 경사면 둘레의 길이는 몇 m인가요?

69쪽에 도움말이 있습니다.

익스트림 스포츠 센터

올리와 매트는 "이제는 공공장소에서 길거리 스케이트 대회를 하는 것이 불법이 됐어요. 난간, 도로의 턱, 계단, 공원 의자가 훼손될 수 있기 때문에 이런 스포츠를 금지하는 법안이 통과되었어요. 그러나 스케이트장에서는 안전하고 합법적으로 스케이트와 스케이트보드를 즐길 수 있어요. 또한 자신의 기량을 뽐내며, 친구들을 만날 수 있는 곳이기도 하죠."라고 말합니다. 로라는 "실내 스노보드장이 생겨서 일 년 내내 연습할 수 있게 되었어요. 무더운 날씨에도 스노보드를 즐길 수 있지요."라고 말합니다.

한번 해 볼까!

새로운 익스트림 스포츠 센터가
방금 문을 열었습니다.
사람들이 장비 가게와 매점으로
들어옵니다.

(1) 새로운 스포츠 센터 입장권은 6파운드입니다. 38파운드를 가지고 있다면, 입장권을 몇 장이나 살 수 있나요?

(2) 간식은 3.99파운드입니다. 20파운드로는 간식을 몇 개 살 수 있나요?

(3) 슈주(신발밑창보완재)는 1상자에 70개가 들어 있습니다. $\frac{2}{7}$ 상자가 팔렸다면, 남은 상품은 몇 개입니까? 또 214개를 팔려면, 상자 몇 개를 뜯어야 하나요?

(4) 무릎 보호대가 506개 있습니다. 이 중 52개는 전시용입니다. 전시하지 않은 무릎 보호대의 절반을 다른 스포츠 센터로 보냈습니다. 남아 있는 무릎 보호대는 몇 개인가요?

(5) 배지를 진열대에 전시해 두었습니다. 배지는 모두 60개입니다. 배지를 10개씩 진열하면, 몇 줄을 놓아야 하나요? 5개, 20개, 3개, 12개씩 진열했을 때는 몇 줄을 놓게 되는지 차례로 적어 보세요.

69쪽에 도움말이 있습니다.

스케이트의 역사

인라인 스케이트는 오랜 역사를 자랑합니다. 1760년 벨기에의 메를린이 처음으로 롤러 스케이트를 발명했어요. 그렇지만 이 스케이트는 방향을 멈추거나 자유로운 동작을 할 수 없는 단점이 있었어요. 그 후 1819년 프랑스에서 최초의 인라인 스케이트를 만들어 냈습니다. 나무로 밑창을 만들고, 바퀴는 구리, 나무, 상아뼈를 이용했습니다. 그 후 1823년에 로버트 존 타이어스라는 영국인이 쇠로 된 바퀴가 달린 스케이트를 발명하게 되었어요.
그 후 1979년 미네소타의 스캇 올슨과 브레넌 올슨이 롤러 블레이드라는 오늘날의 형태와 비슷한 인라인 스케이트를 개발하였습니다. 하지만 이 스케이트도 또 다른 문제점을 가지고 있었죠. 이후 지속적으로 문제점을 보완해 현재와 같이 안전을 위한 브레이크를 개발하여 스케이트에 장착하였습니다.

최초의 스노보드

오늘날의 스노보드는 1965년에 시작되었습니다. 미국 멕시칸 출신의 쉬만 포핀이라는 남자가 스키 두 개를 붙여서 만들었습니다. 당시 그는 그것을 스누퍼라 불렀습니다. '눈'이라는 뜻의 'snow' (스노우)'와 '파도 타는 기구'라는 뜻의 'surfer(서퍼)'를 더한 말이랍니다.

보호 장비

완충용 반바지 : 엉덩이와 등 아랫부분을 보호하기 위해 입습니다. 단단한 패딩이 들어 있습니다.

신발 : 보통 신발을 신고 스케이트보드를 타면, 신발이 심하게 닳거나 찢어질 수 있습니다. 매우 두꺼운 가죽으로 제작된 스케이트보드용 신발을 신거나 슈주를 신발 아래에 바릅니다.

슈주 : 이 액체 고무는 신발의 구멍을 막거나 신발 바닥을 두껍게 합니다. 뿌리면 바로 굳습니다.

스케이트 바지 : 무릎 보호대와 얇은 보호 패드가 들어갈 공간이 있도록 통이 넓고 헐렁한 바지를 입습니다. 아랫부분은 스케이트가 충분히 들어갈 수 있을 정도로 넓습니다. 패딩을 붙였다 뗄 수도 있습니다.

도전 문제

새 익스트림 스포츠 센터가 오픈한 후, 처음 한 시간 동안 이용한 시설에 관한 설문조사를 했습니다.

장소	사람 수(명)
전망대	卌 卌 卌 卌 卌 ‖
스노보드를 타는 곳	卌 卌 卌 卌 卌 卌 卌 ‖‖
길거리 스케이트 타는 곳	卌 卌 卌 卌 卌 卌 卌 卌 卌 卌 ‖
버트 스케이트 타는 곳	卌 卌 卌 ‖‖
매점	卌 卌 卌 卌 卌 ‖
장비 가게	卌 卌 卌 卌
오락실	卌 卌 ‖

(a) 가장 인기가 없는 장소는 어디입니까?

(b) 스노보드를 탄 사람과 버트 스케이트를 탄 사람의 수는 얼마나 차이가 납니까?

(c) 익스트림 스포츠를 즐긴 사람은 모두 몇 명인가요?

(d) 15명이 더 매점에 갔다면, 매점에 간 사람은 모두 몇 명인가요?

69쪽에 도움말이 있습니다.

익스트림 경기에 참가하기

세계 최고의 익스트림 스포츠 선수들은 서로 만나서 자신의 기량을 겨루는 기회를 많이 가집니다. 스노보드를 타는 사람들은 동계 올림픽에서 대회를 하고, 스케이트와 스케이트보드를 타는 사람들은 'X 게임'이나 '그래비티 게임(Gravity Game)*'에 출전합니다. 'X 게임에서 우승한 선수는 상금과 메달을 받습니다. 스케이트와 보드 회사는 보통 10~12명의 선수들로 구성된 팀을 갖고 있습니다. 선수들은 회사의 대표 자격으로 전 세계를 돌며 경기를 펼칩니다. 자, 이제 익스트림 스포츠 선수들의 기량을 살펴볼까요?

*X게임, 그래비티 게임 : TV 방송의 프로그램 이름으로 극한 상황을 체험하고자 하는 모험 스포츠 게임

한번 해 볼까!

경기 참가자는 심판의 주의를 끌고, 관중들에게 깊은 인상을 남기기 위해 매우 열심히 기술을 선보입니다.

(1) 오늘 대부분의 스케이트보드 선수들은 7계단씩을 뛰었습니다. 재즈가 3번 뛰었다면, 뛴 계단은 모두 몇 칸입니까?

(2) 에드는 착지를 선보이고 있습니다. 그는 9번 실패하고, 3번 기술에 성공했습니다. 에드가 성공한 횟수는 전체 시도의 몇 분의 몇인지 분수로 나타내 보세요. 또, 소수로는 얼마인가요?

(3) 칼이 점프 대회에서 보인 최고 기록은 821cm입니다. 9m 기록 세우기 위해서는 얼마를 더 높이 뛰어야 하나요?

(4) 찰리는 길거리 대회에서 44점, 15점, 9점, 28점을 받았습니다. 찰리가 얻은 점수로 여러 가지 덧셈식과 뺄셈식을 가능한 많이 만들어 보세요.

(5) 다음 소수는 수직선 어디에 놓아야 할까요?

0.7 0.2 1.3 1.9 0.6 1.5 1.1 0.8

```
      A         B C D      E   F   G        H
  ├───┼──┼──┼──┼──┼──┼──┼──┼──┼──┼──┼──┼──┼──┼──┤
  0                        1                    2
```

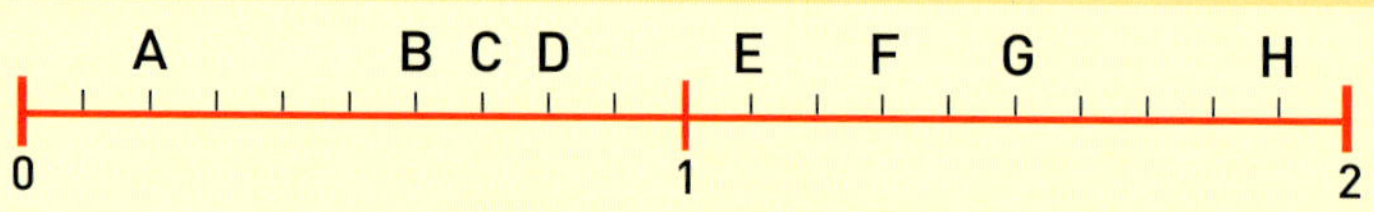

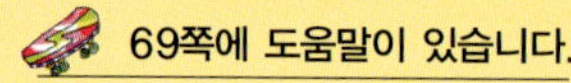
69쪽에 도움말이 있습니다.

1인용 썰매

프로 선수들이 타는 1인용 썰매도 있습니다. 썰매는 스케이트보드를 길게 늘인 것 같이 생겼는데, 뒷자리에 선수가 누워서 탑니다. 흔들거리며 언덕을 내려오는 속도는 무려 113km/시입니다. 선수는 가죽으로 만든 전신 보호복과 오토바이 헬멧을 착용합니다. 또한 가죽 신발을 신어야 하는데, 발이 브레이크 역할을 하기 때문입니다.

스노보드와 올림픽

스노보드는 1998년 일본 나가노 동계 올림픽에서 정식종목으로 채택되었습니다.

Cal
칼

Charlie
찰리

Ed
에드

Matt
매트

Laura
로라

도전 문제

눈을 이용한 스포츠는
낮은 온도에서 합니다.
어는 점(0℃) 아래로 내려가면,
우리는 영하(−기호)를 사용합니다.

오른쪽 온도계를 보세요.

(a) 오른쪽 온도에서 5℃ 올라가면, 몇 ℃가 됩니까?

(b) 온도가 −5℃(영하 5도)에서 8℃가 되었습니다.
몇 도가 올라갔나요?

(c) 온도가 0℃에서 시작하여, 낮 동안에 9℃가 올라가고, 밤이 되면서 11℃가 떨어졌습니다. 밤의 온도는 얼마입니까?

10℃
0℃
−10℃

71쪽에 '양수와 음수'를 참고하세요.

마무리 도전 문제

[문제 1~ 문제 4] 로라는 스노보드 점프 대회에 참가하기 위해 열심히 연습하고 있습니다. 연습을 한 후에는 실력이 얼마나 늘었는지 확인하기 위해서 자신이 뛴 높이를 표와 그래프에 기록해 두었습니다.

로라의 기록

연습날	1일	2일	3일	4일	5일	6일	7일	8일	9일	10일	11일	12일 (대회 전날)
최고기록 (m)	3.8	3.9	3.7		4.3	4.5	4.2	4.5	4.7	4.7	4.5	4.5

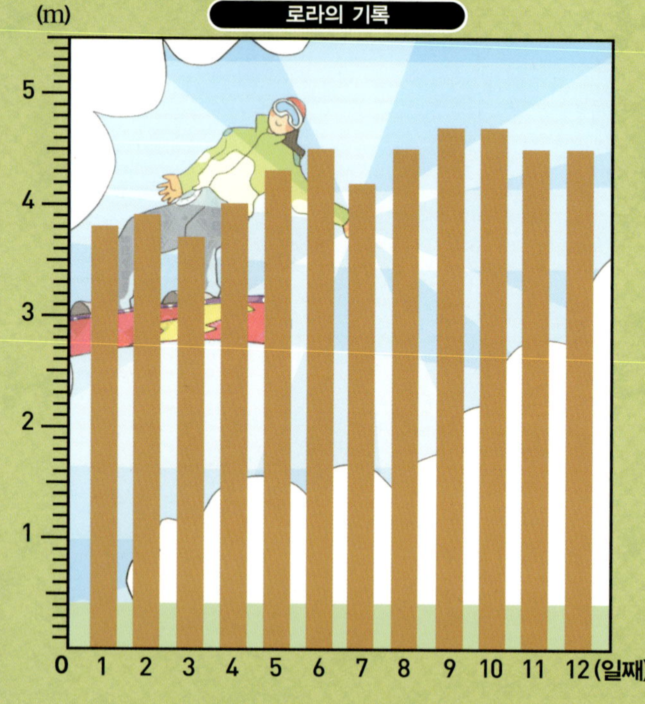

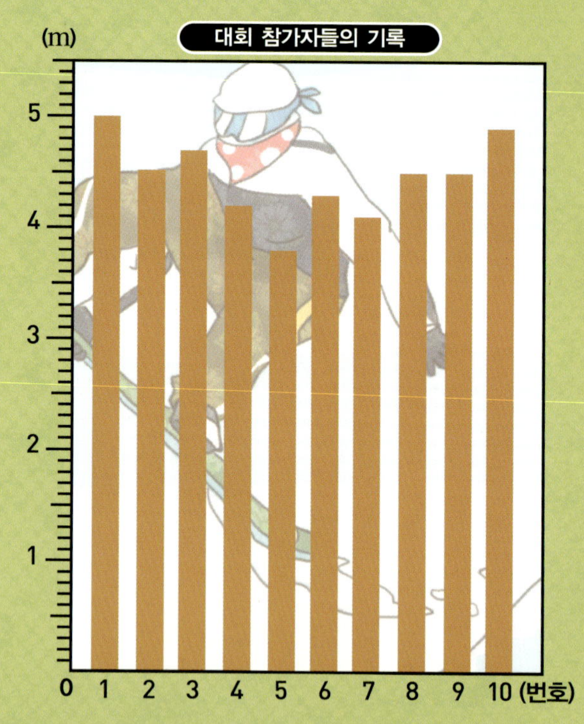

로라가 연습하는 동안 다른 대회 참가자들도 열심히 연습하고 있겠죠?
위의 오른쪽 기록을 보면서 다른 참가자들의 기록도 살펴보세요.

문제 1 연습 4일째부터 6일째까지 로라의 실력은 꾸준히 늘었습니다. 로라의 점프 기록을 나타낸 그래프를 보고, 표의 빈 칸에 기록을 채워 보세요.

문제 2 로라의 기록과 대회 참가자들의 기록을 나타낸 막대 꼭대기의 가운데 부분을 연결하여 '꺾은선그래프'로 나타내려고 합니다. 그러나 대회 참가자들의 기록은 꺾은선그래프로 나타내기에 적당하지 않습니다. 그 이유를 적어 보세요.

문제 3 로라 역시 대회에 출전했습니다. 로라의 기록은 연습 10일째와 대회 전날의 연습 기록의 중간값과 같다고 합니다. 로라는 이번 대회에서 몇 등을 했을까요?

문제 4 로라가 우승을 하려면 최소한 몇 cm를 더 높게 뛰어야 할까요?

[문제 5~ 문제 8] 자신의 키에 맞는 스노보드를 선택해서 타야 편안하고 안전하게 탈 수 있습니다. 초보자일 때는 보통 자신의 키보다 18cm ~ 20cm정도 짧은 스노보드를 타야 하고, 또 몸무게가 많이 나갈수록 더 긴 보드를 선택해야 합니다.

문제 5 키가 130cm인 학생은 몇 cm짜리 스노보드를 고르는 것이 좋을까요? 스노보드의 길이의 범위를 말해 보세요.

문제 6 5, 6, 7번 학생 중 129cm의 스노보드를 탈 수 있는 사람은 누구일까요?

문제 7 6, 7번 학생 둘 다 탈 수 있는 스노보드의 길이는 몇 cm일까요?

문제 8 키가 같은 학생 중에서 서로 스노보드의 길이를 교환하면 좋을 학생이 누구일까요? 그 이유도 말해 보세요.

학생	키(cm)	몸무게	스노보드 길이(cm)
1	152	40	134
2	159	53	141
3	159	50	139
4	162	48	142
5	149	50	
6	155	44	
7	153	40	
8	152	46	132

STAGE ① 44–45쪽

[한번 해 볼까!]

막대그래프 해석하기

막대그래프의 막대는 폭이 모두 같습니다. 눈금에 따라 막대의 높이가 다르며, 막대의 높이로 자료를 비교합니다. 막대그래프에서는 막대가 표현하는 것이 무엇인지, 눈금 한 칸의 크기가 얼마인지 알아야 합니다. 눈금 한 칸은 1일 수도 있고, 2, 5, 10, 100, 1000이나 그 외의 다른 수일 수도 있습니다.

[도전 문제]

자연수와 소수의 반올림

자연수와 소수를 반올림할 때에는 다음의 규칙을 따릅니다. 36을 십의 자리까지 반올림하면 40이 됩니다. 왜냐하면, 일의 자리 숫자가 5, 6, 7, 8, 9로 끝나면 올림을 해야하기 때문입니다.

끝 자리 숫자가 4, 3, 2, 1일 때는 그 수를 버립니다. 예를 들어 32를 십의 자리까지 반올림하면 30이 됩니다.

소수를 소수 이하의 자리에서 반올림하는 방법도 자연수와 같습니다. 그래서 3.6을 소수 첫째 자리에서 반올림하면 4가 되고, 3.2를 소수 첫째 자리에서 반올림하면 3이 됩니다.

스노보드의 길이 범위 : (가장 긴 길이)−(가장 짧은 길이)

 70쪽 '막대그래프'를 참고하세요.

STAGE ② 46–47쪽

[한번 해 볼까!]

돌리기와 각도 재기

각도는 돌아간 정도를 말합니다. 각도의 단위는 '도'를 사용하고, °라고 적습니다. 한 바퀴를 완전히 도는 것은 360°입니다. $\frac{1}{4}$바퀴를 도는 것을 90° 또는 직각이라고 합니다.

직각이 네 개 모이면 한 바퀴가 됩니다.

STAGE ③ 48–49쪽

[한번 해 볼까!]

서수 : 첫 번째, 두 번째, 세 번째, … 와 같이 순서를 셀 때 사용하는 수를 '서수'라고 합니다.

기수 : 1, 2, 3, 4, …와 같이 개수를 셀 때 사용하는 수를 '기수'라고 합니다.

STAGE ④ 50–51쪽

[한번 해 볼까!]

여러 개의 한 자리 수를 쉽게 더하는 방법
- 가장 큰 수부터 더한다.
- 10이 되는 짝을 찾는다.
- 한 번 이상 나오는 수를 찾아서 곱셈을 이용한다. 예를 들어 7+7+7은 7×3과 같습니다.

[도전 문제]

막대그래프 해석하기

자와 연필을 이용하여 막대의 높이를 비교합니다.

막대그래프의 가운데에 점을 찍어 연결하여 꺾은선그래프를 만들 수도 있습니다. 하지만 이 〈점프 대회 기록〉 그래프는 꺾은선그래프로 만들어서는 안 됩니다. 왜냐하면 한 사람의 기록이 아니라, 각각 다른 사람의 자료이기 때문입니다. 다른 여러 사람의 기록을 하나로 연결하는 것은 아무런 의미가 없습니다.

STAGE ⑤ 52–53쪽

[한번 해 볼까!]

그림그래프 사용하기 : 그림그래프는 그림을 이용하여 자료의 수(양)를 보여 주는 그래프입니다. 52쪽의 그림그래프에서 바퀴나 눈송이 모양 1개는 기술 연습을 10번 했다는 것을 의미합니다.

아래 그림처럼 반으로 조각난 그림은 '5번'을 나타냅니다.

[도전 문제]

- 60분은 1시간입니다.
- 24시간은 하루입니다.
- 7일은 일주일입니다.
- 4~5주가 한 달이 됩니다.

1년의 12달이 각각 한 달에 며칠이 있는지 잘 모르겠다면, 달력을 살펴보세요.

 70쪽 '그림그래프'를 참고하세요.

STAGE ❽ 58–59쪽

[한번 해 볼까!]

세로셈하기 : 큰 수를 계산할 때는 아래처럼 세로셈을 하는 것이 도움이 됩니다.

천의 자리 아래에는 천의 자리를, 백의 자리 아래에는 백의 자리를 맞추는 것처럼 자리를 잘 맞추어 쓰는 것이 중요합니다. 아래의 예를 보세요.

$$
\begin{array}{r}
2285 \\
+\,4193 \\
\hline
6478
\end{array}
\qquad
\begin{array}{r}
9785 \\
-\,2315 \\
\hline
7470
\end{array}
$$

[도전 문제]

자른 도형이 완전히 포개어지도록 도형을 반으로 자르는 선을 '대칭축' 이라고 부릅니다.

원은 원의 중심을 지나기만 하면 어떻게 선을 그어도 대칭축이 됩니다.

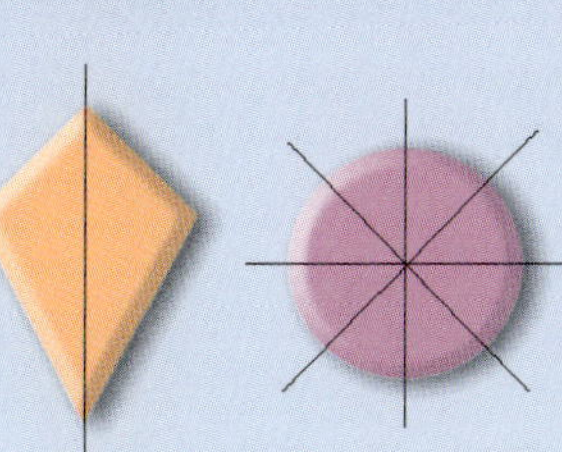

STAGE ❾ 60–61쪽

[한번 해 볼까!]

벤다이어그램을 사용하여 도형 나타내기

오른쪽과 같은 모양의 그림그래프를 벤다이어그램이라고 부릅니다.

이것은 모양을 분류하는 한 예입니다.

도움말 : 세 개 또는 그 이상의 변을 가진 평면도형을 다각형이라고 합니다. 모든 변의 길이가 같은 다각형을 정다각형이라고 합니다.

70쪽 '다각형' 을 참고하세요.

[도전 문제]

직사각형의 넓이와 둘레의 길이 구하기

직사각형의 넓이를 구하려면, 가로와 세로를 곱해야 합니다. 이 직사각형의 넓이는 $10 \times 5 = 50\,(\text{cm}^2)$입니다. 또 둘레의 길이를 구하려면, 모든 변의 길이를 더합니다. 따라서 이 직사각형의 둘레의 길이는 $(10+5) \times 2 = 30\,(\text{cm})$입니다.

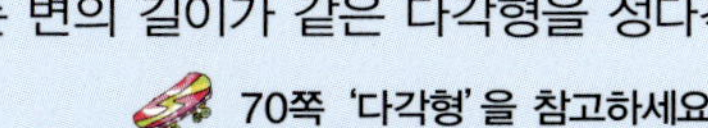
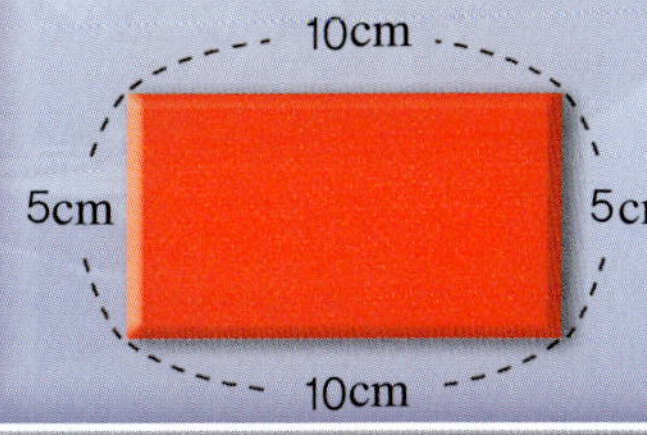

$1\text{m}^2 = 1\text{m} \times 1\text{m}$
$= 100\text{cm} \times 100\text{cm}$
$= 10000\text{cm}^2$

$1\text{m}^2 = 10000\text{cm}^2$

STAGE ❿ 62–63쪽

[한번 해 볼까!]

가격 계산을 할 때는 반올림한 가격으로 대략적인 가격을 구할 수 있습니다. 그래서 3.99파운드를 4파운드로 반올림하면 암산이 더 쉽습니다. 최종 답을 낼 때, 4파운드에서 0.01파운드를 빼야 한다는 것을 잊지 마세요.

71쪽 '분수'를 참고하세요.

[도전 문제]

문제에 있는 막대 표시는 자료의 총량을 표시하여 빨리 세기 위해 사용하는 방법입니다. 세로줄 하나(/)는 '1' 을 나타내고, 세로줄 두 개(//)는 '2' 를 나타냅니다. 다섯 번째 선은 네 개의 세로줄을 가로질러서 긋습니다. 막대 (그림) 표시를 보고 수를 셀 때에는 5의 단 곱셈구구를 이용합니다.

STAGE ⓫ 64–65쪽

[한번 해 볼까!]

수직선 : 수직선은 양쪽으로 늘여 그릴 수 있습니다.

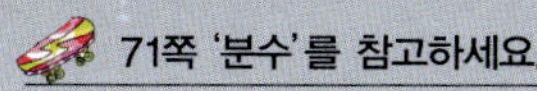
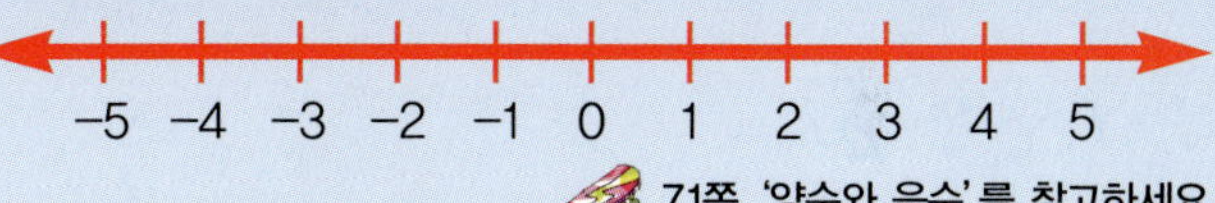

71쪽 '양수와 음수'를 참고하세요.

단위

이 책에서는 두 가지 측정법을 사용합니다. 하나는 미터법(센티미터, 미터, 킬로미터, 그램, 킬로그램)이고, 다른 하나는 영국식 단위법(인치, 피트, 마일, 온스, 파운드)입니다.

미터법	영국식 단위법
길이	**길이**
1밀리미터(mm)	1인치(in) : 엄지손가락 너비 약 2.54cm
1센티미터(cm) = 10mm	1피트(ft) : 한 발의 길이 약 30.48cm
1미터(m) = 100cm	1피트(ft) = 12in
1킬로미터(km) = 1000m	1야드(yd) = 3ft
	1마일(mile) = 1760yd
무게	**무게**
1그램(g)	1 온스(oz) = 약 28.35g
1킬로그램(kg) = 1000g	1 파운드(Lb) = 16oz
들이	**들이**
1밀리리터(mL)	1액체 온스(fL oz) = 약 28.4mL
1리터(L) = 1000mL	1핀트(pt) = 20fL oz

미터법과 영국식 단위법을 비교하면,

$1\text{km} = 0.62\text{mile}, \qquad 1\text{kg} = 2.2\text{lb} \qquad 0.57\text{L} = 1\text{pt}$

**막대
그래프**

조사한 수를 막대로 나타낸 그래프를 막대
그래프라고 합니다. 막대그래프는 여러 항
목의 수량을 전체적으로 한눈에 비교할 수
있습니다.

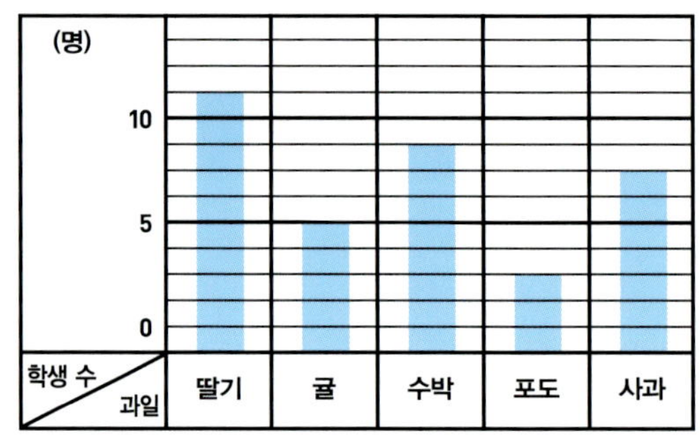

**그림
그래프**

조사한 수를 그림으로 나타낸 그래프를 그림그래프라고 합니다. 그림그래프는 자료의
특징에 알맞은 그림을 선택하여 그리므로 자료의 특징을 한눈에 알아볼 수 있습니다.

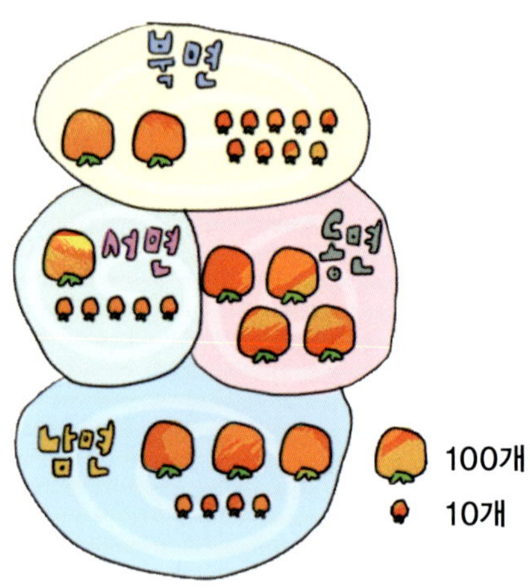

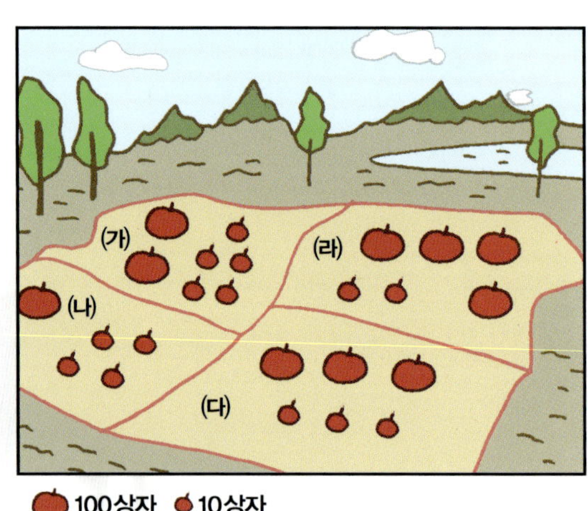

다각형

여러 개의 선분으로만 이루어진 도형을 다각형이라고 합니다. 삼각형, 사각형, 오각형,
육각형,… 과 같이 선분으로만 이루어진 평면도형을 말합니다. 이때, 원은 선분으로 이
루어진 것이 아니기 때문에 다각형이라고 할 수 없습니다.

  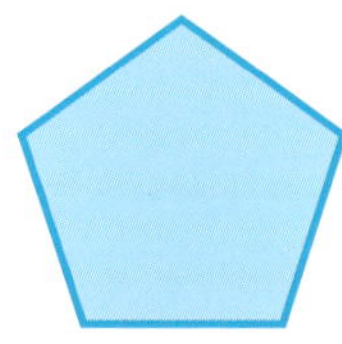  

전체에 대한 부분을 나타내는 수입니다. 분수에서 가로선 위에 있는 수를 분자, 가로선 아래에 있는 수를 분모라고 합니다.

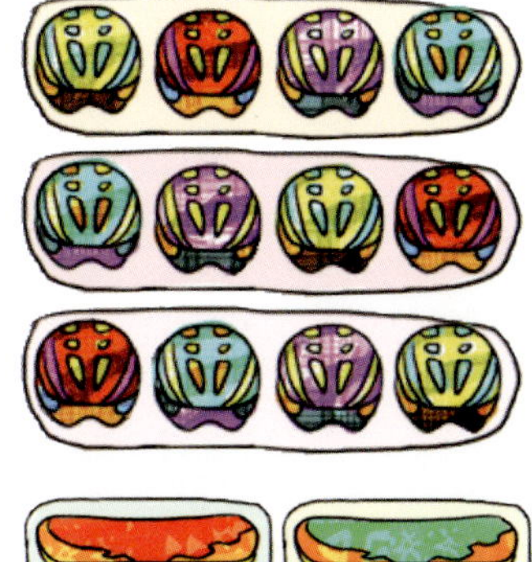

- **전체에 대한 부분을 분수로 나타내기**
  헬멧 8개는 전체를 똑같이 3으로 나눈 것 중의 2이므로 8은 12의 $\frac{2}{3}$입니다.

- **전체에 대한 분수만큼은 얼마인지 알아보기**
  스케이트보드 전체를 똑같이 2로 나눈 것 중의 1은 4개이므로 8의 $\frac{1}{2}$은 4입니다.

서로 반대되는 성질을 가지고 있는 양을 나타낼 때, 양수와 음수를 사용합니다.

① **양수** : 0보다 큰 수로 양의 부호 **+**(플러스)를 붙여서 나타냅니다.
    수직선에서 0을 기준으로 오른쪽을 나타낸 수입니다.
② **음수** : 0보다 작은 수로 음의 부호 **−**(마이너스)를 붙여서 나타냅니다.
    수직선에서 0을 기준으로 왼쪽을 나타낸 수입니다.

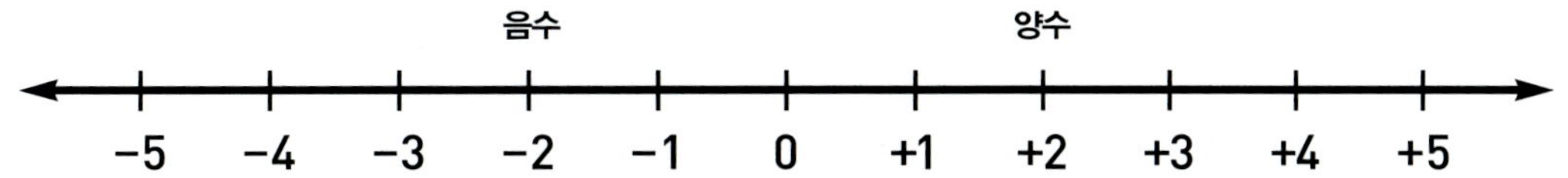

음수		양수
영하 3도 −3℃	기온을 나타낼 때	영상 5도 +5℃
200원 손해 −200원	이익과 손해를 나타낼 때	400원 이익 +400원

[스턴트 작업 일지]

(1) **오전 10 : 55 – 검술 장면 연습**
  오전 6 : 35 – 3km 달리기
  오후 5 : 15 – 검술 장면 촬영
  오후 7 : 47 – 수중 훈련

(2) **4시간 5분**
  오전 8시부터 오전 10시 20분까지, 오전 10시 45분부터 오후 12시 30분까지이므로 모두 4시간 5분입니다.
  {(10시 20분)−(8시)}+{(12시 30분)−(10시 45분)}
  =(2시간 20분)+(1시간 45분)=4시간 5분

(3) **5시간 15분**
  오후 1시 15분부터 오후 4시까지, 오후 4시 30분부터 오후 7시까지이므로 모두 5시간 15분 동안 촬영했습니다.
  {(4시)−(1시 15분)}+{(7시)−(4시 30분)}
  =(2시간 45분)+(2시간 30분)=5시간 15분

(4) **30분**
  오후 4시부터 오후 4시 30분까지이므로 30분 동안 회의했습니다.
  (4시 30분)−(4시)=30분

[도전 문제]

(a) **28**
  1주일에 14시간씩 2주일이면 14×2=28(시간)입니다.

(b) **42**
  1주일에 14시간씩 3주 동안이면 14×3=42(시간)입니다.

(c) **140**
  1주일에 14시간씩 10주 동안이면 14×10=140(시간)입니다.

[스턴트 작업 일지]

(1) **G7**
(2) **H5**
(3) **D2, D3, E2, E3**
  더 안전하게 하기 위해 E4에 깔아도 됩니다.
(4) **D7, D6, E6, F6, G6, G7**
(5) **D5, E5, E4, E3, D3**

[도전 문제]

(a)

떨어지는 높이(ft)	에어백 치수(ft)		넓이(ft²) (가로×세로)
	가로	세로	
30	12	8	96
50	14	12	168
70	15	14	210
100	25	20	500
150	30	25	750

(b) **5000ft³**
  에어백에 들어가는 공기의 양은
  (가로)×(세로)×(높이)=25×20×10=5000(ft³)입니다.

[스턴트 작업 일지]

(1) **16.8초**
  20초−3.2초=16.8초가 남았습니다.

(2) **3.5초**
  문을 열고 남은 시간인 16.8초에서 4.8초, 8.5초를 뺍니다. 16.8초−4.8초−8.5초=3.5초가 남았습니다.

(3) **11시 8분 15초**
  11시 7분 55초에 20초를 더합니다. 따라서 11시 8분 15초가 됩니다.

[도전 문제]

(a) **생략**   (b) **생략**   (c) TUMA

[스턴트 작업 일지]

(1) (a) **45°**   (b) **270°**   (c) **90°**   (d) **60°**
(2) **180°**
  자동차가 반 바퀴를 돌았으므로 180° 돌아야 합니다.
(3) **360°**
  자동차가 한 바퀴를 돌았으므로 360° 돌았습니다.

[도전 문제]

(a) **39m**
  80km/시일 때, 제동거리는 자동차 길이의 13배이므로 13×3=39(m)입니다.

(b) **4.5m**

48km/시에서의 제동거리는 자동차 길이의 6배입니다. 따라서 27÷6=4.5(m)입니다.

(c) **113km/시**

제동거리가 96m이면 4m짜리 자동차의 24배가 됩니다. 따라서 113km/시의 속도로 달려야 합니다.

스턴트맨 이름	뛴 거리	환산한 거리(cm)
제이슨 레니	77m 11cm	7711
도우 댄저	48768mm	4876.8
조니 알팀	54.86m	5486
도우 댄저	76500mm	7650
캡틴 러비 크니블	6469cm	6469
조니 알팀	41m 15cm	4115

[스턴트 작업 일지]

첫 번째 길	두 번째 길	세 번째 길
40÷10=**4**	14+9=**23**	14+9=**23**
62−**37**=25	11+7+**12**=30	96−17=**79**
160÷5=**32**	62−**37**=25	24÷3=**8**
22÷**2**=11	160÷5=**32**	4×**3**=12
5×2=10		
빈 칸에 들어가는 수의 합은 **80**입니다.	빈 칸에 들어가는 수의 합은 **104**입니다.	빈 칸에 들어가는 수의 합은 **113**입니다.

네 번째 길	다섯 번째 길
95−32=63	**95**−32=63
11+7+**12**=30	49−**38**=11
24÷3=**8**	**13**+24=37
22÷**2**=11	96−17=**79**
72÷8=9	24÷3=**8**
	22÷**2**=11
	5×2=10
빈 칸에 들어가는 수의 합은 **189**입니다.	빈 칸에 들어가는 수의 합은 **240**입니다.

[도전 문제]

(a) **약 49m**

도우 댄저가 뛴 거리는 48768mm이므로, 4876.8cm입니다. 그리고 100cm는 1m이므로 48.768m가 됩니다. 따라서 소수 첫째 자리에서 반올림하면 약 49m입니다.

(b) **제이슨 레니**

단위를 cm로 나타내면 제이슨 레니가 가장 멀리 뛰었습니다.

[스턴트 작업 일지]

(1) **200피트**

1000÷5=200(피트)입니다.

(2) **2000피트**

1000×2=2000(피트)입니다.

(3) **13500피트**

16000피트에서 떨어져서 2500피트까지 내려오므로 16000−2500=13500(피트)에서 낙하산이 펴집니다.

(4) **67.5초 (1분과 $7\frac{1}{2}$초)**

13500피트를 자유낙하 할 때 5초에 1000피트씩 떨어지므로 13×5=65초에 500피트는 2.5초이므로 모두 65초+2.5초=67.5초가 걸립니다.

[도전 문제]

(a) **4000**   (b) **40**   (c) **200**   (d) **10000**

[스턴트 작업 일지]

(1) **6칸**   (2) **13칸**

(3) • 보트 (7, 10) • B 도르래 (2, 10) • 트럭 (2, 2)

(4) **A 도르래**

(5) **(5, 10)에서 충돌할 것입니다.**

부두 끝에 다다른 자동차는 그대로 날아가 마주 오는 보트와 (5, 10)에서 충돌할 것입니다.

[도전 문제]

(a) B 도르래의 남동쪽에는 자동차가 있습니다.
(b) C 도르래의 북동쪽에는 보트가 있습니다.

STAGE 8 26–27쪽

[스턴트 작업 일지]

(1) 폴   **(2)** 폴   **(3)** 폴, 크리스   **(4)** 데이비드
(5) TV 광고 : 에드, 병원 드라마 : 폴,
"카운트다운" 영화 : 알렉, 데이비드

[도전 문제]

알렉

알렉이 갈색 가발을 쓰거나 머리카락을 갈색으로 염색하면, "카운트다운" 영화의 주인공의 대역을 하기에 가장 적당합니다.

STAGE 9 28–29쪽

[스턴트 작업 일지]

(1) 3000파운드
스턴트맨 1인당 750파운드씩 이틀이므로 1500파운드이고, 2명이므로 3000파운드입니다.
$750 \times 2 \times 2 = 3000$(파운드)

(2) 3200파운드
1인당 400파운드씩 4일 동안이므로 1600파운드이고, 2명이므로 3200파운드입니다.
$400 \times 2 \times 4 = 3200$(파운드)

(3) 8000파운드
모터보트는 10000파운드이고, 연습용은 2000파운드이므로 모터보트가 8000파운드 더 비쌉니다.
$10000 - 2000 = 8000$(파운드)

(4) 500파운드
스턴트맨이 이틀 동안 받는 돈은 1500파운드이고, 운전사는 1000파운드이므로 스턴트맨이 운전사보다 500파운드 더 받습니다.
$1500 - 1000 = 500$(파운드)

(5) 36100파운드
하루하루 지급해야 할 것과 그렇지 않은 것을 구분해야 합니다.

구분	1일 동안의 비용	2일 동안의 비용
트럭 운전사	500파운드(1일)	1000파운드
남자 주인공을 대역할 스턴트맨	750파운드(1일)	1500파운드
여자 주인공을 대역할 스턴트맨	750파운드(1일)	1500파운드
잠수부 2명 (자동차와 보트 파편을 치움)	800파운드(2명)	1600파운드
안전 요원 5명	500파운드(5명)	1000파운드
자동차와 보트를 끄는 트럭 (빌리는데 드는 비용)	250파운드(1일)	500파운드
촬영용 고속 모터보트	10000파운드	10000파운드
촬영용 페라리 조립 자동차	15000파운드	15000파운드
연습용 보트	2000파운드	2000파운드
연습용 자동차	2000파운드	2000파운드
합계	32550파운드	36100파운드

[도전 문제]

(a) 80km/시   **(b)** $\frac{1}{4}$초   **(c)** 50cm
어떤 일이 일어날 수 있는 시간, 길이 등에 대한 어림의 경우는 일반적인 경우를 생각해야 합니다. 너무 길거나, 너무 짧지 않은 경우를 생각해 보아야 합니다.

STAGE 10 30–31쪽

[스턴트 작업 일지]

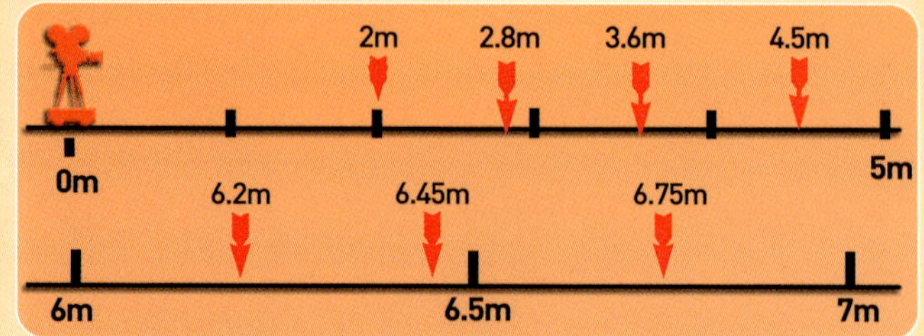

[도전 문제]

가로
1. $6 \times 8 = 48$
4. $7 \times 9 = 63$
6. $8 \times 9 = 72$
7. $8 \times 8 = 64$

세로
1. $7 \times 7 = 49$
2. $9 \times 9 = 81$
3. $7 \times 8 = 56$
5. $9 \times 4 = 36$

¹4	8			²8
9		³5		1
		⁴6	⁵3	
⁶7	2	⁷6	4	

[스턴트 작업 일지]

(1) h
(2) c, d, g
(3) a, b, e, f
(4) a-15개, b-18개, e-12개, f-9개

입체도형	밑면의 모양	밑면의 변의 개수	모서리의 개수
삼각기둥	삼각형	3개	9개
사각기둥	사각형	4개	12개
오각기둥	오각형	5개	15개
육각기둥	육각형	6개	18개

(5) 각기둥의 모서리의 개수는 밑면의 변의 개수에 3을 곱한 것과 같습니다.

[도전 문제]

(a) 40, 47, 54 (뒤 수)=(앞 수)+7의 규칙
(b) 113, 116, 119 (뒤 수)=(앞 수)+3의 규칙
(c) 20, 17, 14 (뒤 수)=(앞 수)-3의 규칙
(d) 28, 32, 44, 52 (뒤 수)=(앞 수)+4의 규칙
(e) 28, 10, 1 (뒤 수)=(앞 수)-9의 규칙

[마무리 도전 문제]

1. (1) 3시간 30분 (2) 8시간 40분 (3) 6시간 30분
(1) 무술 훈련을 한 시간은 오후 2시 10분부터 오후 5시 40분까지이므로 (5시 40분)-(2시 10분)=(3시간 30분)입니다.
(2) 잠자는 시간은 오후 9시 10분부터 오전 5시 50분까지이므로 8시간 40분입니다.
(3) 학과 수업 시간은
(12시 25분)-(8시 5분)=(4시간 20분)이고,
복습한 시간은 (8시 50분)-(6시 40분)=(2시간 10분)입니다. 따라서 학과 수업 시간과 복습한 시간은 모두 (4시간 20분)+(2시간 10분)=(6시간 30분)입니다.

2. (1) 3150명 (2) 540명
(1) 1년에 약 350명씩 9년 동안 졸업한 학생 수는
350×9 = 3150(명)입니다.
(2) 풀이 방법은 여러 가지가 있습니다.
그 중 한 가지 방법을 소개하면
1회 졸업생 : 300

2회 졸업생 : 300+20
3회 졸업생 : 300+40
4회 졸업생 : 300+60
⋮
13회 졸업생 : 300+240
따라서 13회 졸업생은 300+240=540(명)입니다.

3. (1) 57.6m
(2) 1분 : 2000m, 1초 : 약 33m
(3) 약 2초
(1) 트럭 한 대의 폭은 2400mm이므로 트럭 24대의 폭은 57600mm=5760cm=57.6m입니다.
(2) 시속 120km는 한 시간(60분) 동안 120km를 갈 수 있다는 것이므로 1분 동안 간 거리는 120÷60=2(km)=2000(m)이고, 1초 동안 간 거리는 2000÷60=33.3…이므로 약 33m입니다.
(3) 트럭 24대의 폭은 57.6m=5760cm이고, 로니 크니블은 오토바이를 타고 1초에 약 33m=3300cm를 움직이므로 트럭 24대를 뛰어 넘는 데 걸린 시간은 5760÷3300=1.7…이므로 약 2초 정도 걸립니다.

4. (1) 3 (2) 5, 6, 7, 8, 9
(1) 곱셈구구 7의 단의 일의 자리 숫자와 2의 단에서 십의 자리 숫자가 같은 것을 알아보면 곱셈구구 2의 단의 결과는 아무리 커도 십의 자리가 1이므로 7×3=21일 때만 공통 부분의 숫자가 같아집니다. 따라서 〈 〉 안에 들어갈 수 있는 숫자는 3입니다.
(2) 2×[ ]의 결과가 십의 자리에 숫자 1이 와야하므로 [ ]는 5, 6, 7, 8, 9입니다.

STAGE ❶ 44–45쪽

[한번 해 볼까!]

(1) 약 122명(120이 조금 넘음)
그래프가 120과 125 사이에 있으므로 122명 정도로 보입니다.

(2) 약 200명
'일주일에 서너 번'과 '매일' 운동하는 사람이므로 122명과 80명이 조금 안 되므로 약 200명 정도라고 보면 됩니다.

(3) 약 17명(약 18명도 맞다고 함)
'일주일에 한 번'은 약 12명 정도이고 '적어도 한 달에 한 번'은 5명 정도이므로 약 17명이 됩니다.

(4) ④
남자인지 여자인지, 나이가 어떤지, 어떤 요일에 운동을 하는지에 대한 정보는 없습니다.

[도전 문제]

(a) [보드 1]
보드의 길이의 범위는 (큰 수)-(작은 수)로 계산합니다.
[보드 1] 155-140=15(cm)
[보드 2] 159-147=12(cm)
[보드 3] 156-148=8(cm)
[보드 4] 157-147=10(cm)
따라서 [보드 1]의 길이의 범위가 가장 큽니다.

(b) [보드 2]
[보드 1] 300파운드, [보드 2] 350파운드
[보드 3] 330파운드, [보드 4] 340파운드

STAGE ❷ 46–47쪽

[한번 해 볼까!]

(기술 1) : $\frac{1}{4}$,　　(기술 2) : $\frac{1}{2}$,　　(기술 3) : 1

(기술 1) 한 바퀴의 $\frac{1}{4}$ 돌았습니다. : 90°

(기술 2) 한 바퀴의 $\frac{1}{2}$ 돌았습니다. : 180°

(기술 3) 한 바퀴를 돌았습니다. : 360°

[도전 문제]

(a) 45°　　(b) 60°　　(c) 30°　　(d) 270°
정확한 각도보다는 어림에 의해 각의 크기를 알아봅니다. 전체를 4등분하여 빨간선이 어느 정도 왔는지로 판단합니다.

STAGE ❸ 48–49쪽

[한번 해 볼까!]

(1) 5명
졸리, 폴, 모, 덱, 란이 26초보다 빨리 들어왔습니다.

(2) 조쉬, 앤, 데이브

(3) 5위
25.3초는 25.2과 25.6초 사이에 있으므로 5위가 됩니다.

이름	시간기록(초)
폴	24.4
란	24.7
졸리	25.0
모	25.2
덱	25.6
필	26.3
플로	26.8
조쉬	27.9
앤	30.2
데이브	31.5

(4) 경주로 1 : 21팀, 경주로 2 : 10팀, 경주로 3 : 17팀
경주로 1은 209명이 참가해서 10명씩 뛰어야 하므로 209÷10=20…9이므로 21팀으로 짜야합니다.
경주로 2는 92명이 참가하므로 10명씩 뛰려면 92÷10=9…2이므로 10팀으로 짜야 합니다.
경주로 3은 165명이므로 10명씩 뛰려면 165÷10=16…5이므로 17팀으로 짜야 합니다.

[도전 문제]

약 13피트
1피트(ft)가 30cm이고, 4m=400cm이므로 400÷30=13.333…이 됩니다. 따라서 약 13피트(ft)라고 말할 수 있습니다.

```
              13.33
      30 ) 400.00
           30
           ─────
           100
            90
           ─────        ⇨ 약 13피트
           100
            90
           ─────
           100
            90
           ─────
            10
```

[한번 해 볼까!]

이름	공중	회전	점프	난이도	합계(점)
린	5	9	8	4	26
로브	8	8	7	8	31
아메드	6	9	6	9	30
로라	9	8	8	7	32
자크	7	7	8	9	31
알리	8	5	5	5	23

(1) 알리
23점으로 알리가 가장 낮은 점수를 받았습니다.

(2) 자크
로브의 점프기술 점수는 7점, 난이도는 8점입니다. 그보다 높은 점수는 자크로 8점과 9점을 받았습니다. 따라서 로브보다 난이도 점수와 점프기술 점수가 높은 사람은 자크입니다.

(3) 로브
자크와 로브는 31점으로 같은 점수를 받았습니다.

(4) 3명
홀수는 일의 자리의 숫자가 1, 3, 5, 7, 9로 끝나야 하므로 홀수 점수를 받은 사람은 로브(31점), 자크(31점), 알리(23점)입니다.

(5) 로라
로라가 32점으로 가장 높은 점수를 받았습니다.

[도전 문제]

(a) 1.6m
가장 높은 기록은 5.4m, 가장 낮은 기록은 3.8m이므로 5.4−3.8=1.6(m)입니다.

(b) 4.2m
4.2m가 3번 나오므로 제일 많이 나온 기록입니다.

[도전 문제]

(a) 인라인 스케이트 : 61일, 스노보드 : 14일, 스케이트보드 : 7일
인라인 스케이트는 5, 6월 사용했으므로 30+31=61일, 스노보드는 336시간이므로 336÷24=14일. 스케이트보드는 10080분÷60÷24=7(일)입니다.

(b) 인라인 스케이트 : 8주 5일, 스노보드 : 2주, 스케이트보드 : 1주
인라인 스케이트를 61일 사용했으므로 8주하고 5일, 스노보드는 14일이므로 2주, 스케이트보드는 7일이므로 1주일 사용한 것입니다.

[한번 해 볼까!]

길 1 : 20점	길 2 : 10점	길 3 : 90점
길 4 : 11점	길 5 : 18점	길 6 : 50점

[도전 문제]

510개의 보드를 샀습니다.

	사람 수(명)	1년 동안 산 보드(개)
한 달에 한 번	27	27×12=324
세 달에 한 번	30	30×4=120
여섯 달에 한 번	23	23×2=46
일 년에 한 번	20	20×1=20

따라서 324+120+46+20=510(개)입니다.

[한번 해 볼까!]

(1) 스케이트보드 : 킥플립 40번
인라인 스케이트 : 뮤트 에어 60번
스노보드 : 로데오 100번

(2) 스케이트보드 : 15번
인라인 스케이트 : 10번
스노보드 : 35번

(3) 스케이트보드 : 135번. 인라인 스케이트 : 175번, 스노보드 : 180번
스케이트보드 : 40+25+70=135번
인라인 스케이트 : 60+50+65=175번
스노보드 : 100+65+15=180번

[한번 해 볼까!]

(1) (a) C 트랙   (b) A 트랙   (c) D 트랙   (d) B 트랙
(a) 11바퀴를 돌았다면 130×11=1430(m)이고, 12바퀴를 다 돌지 않았으므로 1500m 경기입니다.
(b) 3바퀴를 돌았다면 130×3=390(m)이고, 4바퀴를 다 돌지 않았으므로 500m 경기입니다.
(c) 38바퀴를 돌았으므로 130×38=4940(m)이고, 39바퀴를 다 돌지 않았으므로 5000m 경기입니다.
(d) 7바퀴를 돌았으므로 130×7=910(m)이고, 8바퀴를 다 돌지 않았으므로 1000m 경기입니다.

(2) A 트랙 500m 경주

500m 경기에서는 3바퀴를 돌면 390m이고, 4바퀴는 520m가 됩니다. 따라서 20m가 남습니다.
1000m 경기에서는 7바퀴는 910m이고, 8바퀴는 1040m가 됩니다. 따라서 40m가 남습니다.
1500m 경기에서는 11바퀴는 1430m이고, 12바퀴는 1560m가 됩니다. 따라서 60m가 남습니다.
5000m 경기에서는 38바퀴는 4940m이고, 39바퀴는 5070m가 됩니다. 따라서 70m가 남습니다.

(3) (a) $1\frac{1}{4}$바퀴   (b) $2\frac{1}{2}$바퀴   (c) $3\frac{3}{4}$바퀴   (d) $7\frac{1}{2}$바퀴   (e) $12\frac{1}{2}$바퀴   (f) **25바퀴**

500m 트랙은 $500 \div 400 = 1 \cdots 100$
$1\frac{100}{400}$ ($1\frac{1}{4}$)바퀴

1000m 트랙은 $1000 \div 400 = 2 \cdots 200$
$2\frac{200}{400}$ ($2\frac{1}{2}$)바퀴

1500m 트랙은 $1500 \div 400 = 3 \cdots 300$
$3\frac{300}{400}$ ($3\frac{3}{4}$)바퀴

3000m 트랙은 $3000 \div 400 = 7 \cdots 200$
$7\frac{200}{400}$ ($7\frac{1}{2}$)바퀴

5000m 트랙은 $5000 \div 400 = 12 \cdots 200$
$12\frac{200}{400}$ ($12\frac{1}{2}$)바퀴

10000m 트랙은 $10000 \div 400 = 25$
25바퀴

[도전 문제]

(a) 1km
1시간은 60분이므로 1분에 $60 \div 60 = 1$(km)를 갑니다.

(b) $\frac{1}{60}$ **km**
1분은 60초이므로 $\frac{1}{60}$km를 갑니다.

STAGE **8** 58–59쪽

[한번 해 볼까!]

(1) 4km **(2) 4**
(3) (a) **1297m** $6194 - 4897 = 1297$(m)
(b) **1890m** $8850 - 6960 = 1890$(m)
(c) **253m** $5895 - 5642 = 253$(m)
(d) **2063m** $6960 - 4897 = 2063$(m)
(e) **2955m** $8850 - 5895 = 2955$(m)

[도전 문제]

정사각형 4개
마름모 2개

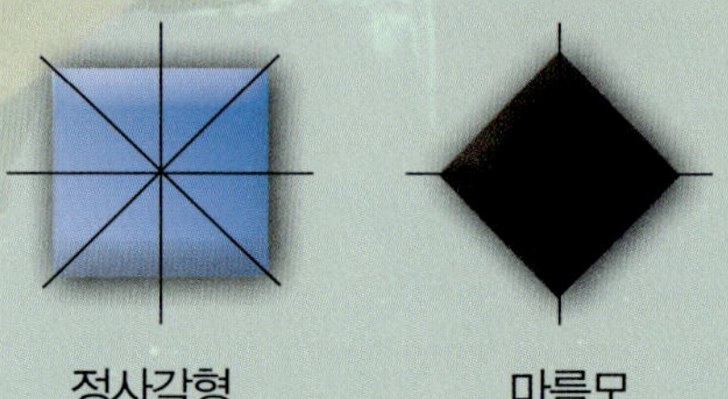

STAGE **9** 60–61쪽

[한번 해 볼까!]

(1) 다각형을 변의 개수, 변의 길이, 각의 크기에 따라 아래와 같이 분류하였습니다.

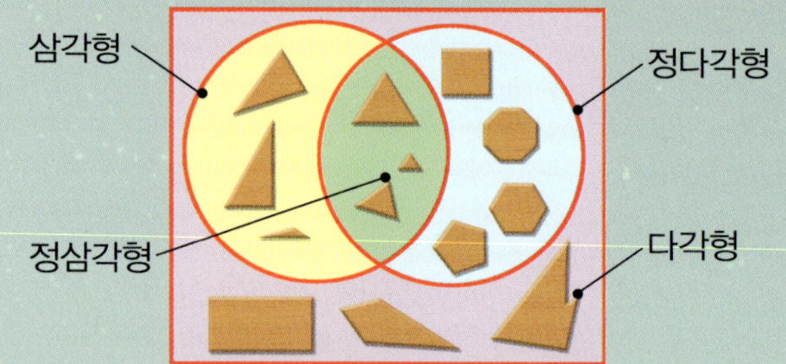

(2) 10개

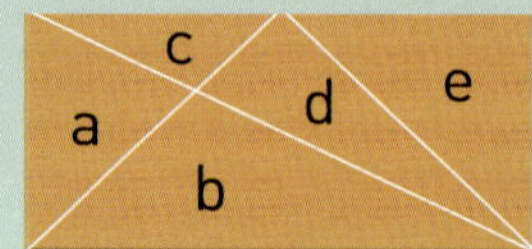

한 칸짜리 : 5개 → a, b, c, d, e
두 칸짜리 : 4개 → (a, b), (a, c), (b, d), (c, d)
세 칸짜리 : 1개 → (c, d, e)
따라서 삼각형은 $5 + 4 + 1 = 10$(개)입니다.

[도전 문제]

(a) 약 2m²
$122 \times 178 = 21716$(cm²)이고, $1m^2 = 10000cm^2$이므로 2.1716m²입니다. 따라서 약 2m²입니다.

(b) 6m
$178 \times 2 + 122 \times 2 = 600$(cm) $= 6$(m)

[한번 해 볼까!]

(1) 6장
38÷6=6…2이므로 입장권을 6장 살 수 있습니다.

(2) 5개
3.99를 약 4로 생각하여 계산해 보면 20÷4=5이고, 0.01이 5이면 0.05로 한 개 더 살 수 없으므로 간식 5개를 살 수 있습니다.

(3) 50개, 4상자
1상자에 70개가 들어 있고, 그 중 $\frac{2}{7}$를 팔았다면 남은 것은 70개의 $\frac{5}{7}$이므로 50개입니다.
또 214÷70=3…4 이므로 4상자를 뜯어야 합니다.

(4) 227개
506−52=454(개)이고, 그 중 다른 스포츠 센터로 반을 보냈으므로 227개가 남아 있습니다.

(5) 6줄, 12줄, 3줄, 20줄, 5줄
배지가 모두 60개이므로

한 줄의 수(개)	줄 수(줄)
10	60÷10=6
5	60÷5=12
20	60÷20=3
3	60÷3=20
12	60÷12=5

[도전 문제]

장소	사람 수(명)
전망대	27
스노보드를 타는 곳	38
길거리 스케이트 타는 곳	51
버트 스케이트 타는 곳	19
매점	27
장비 가게	20
오락실	11

(a) 오락실
(b) 19명 38−19=19(명)
(c) 108명 38+51+19=108(명)
(d) 42명 27+15=42(명)

[한번 해 볼까!]

(1) 21칸
(2) $\frac{1}{4}\left(\frac{3}{12}\right)$, 0.25
12번 중에 3번을 성공했으므로 $\frac{1}{4}\left(\frac{3}{12}\right)$이고, 소수로는 0.25가 됩니다.

---

(3) 79cm
9m=900cm이므로 900−821=79(cm)입니다.

(4) 여러 가지 답이 나올 수 있습니다.
44−28=16, 9+15=24, 44+9+15=68

(5) 0.7-C, 0.2-A, 1.3-F, 1.9-H, 0.6-B, 1.5-G, 1.1-E, 0.8-D

[도전 문제]

(a) 4°C
온도계가 가리키는 온도는 −1°C이므로 작은 눈금을 위로 5칸 올리면 4°C가 됩니다.

(b) 13°C
−5°C 눈금에서 8°C까지 올라간 칸 수는 13칸이므로 13°C 올라갔습니다.

(c) −2°C
0°C에서 위로 작은 눈금 9칸 올라가고, 다시 아래로 11칸 내려오면 −2°C입니다.

[마무리 도전 문제]

1. 4

2. 꺾은선그래프는 변화하는 정도를 알아보는 데 적합하므로 참가자들 각각의 기록으로 크기를 비교하는 데는 적당하지 않습니다. 따라서 막대그래프가 적합합니다.

3. 4등
(10일 째)+(대회 전 날)=4.7+4.5=9.2이므로 9.2의 중간값은 4.6이므로 로라는 4등입니다.

4. 40cm
1등의 기록이 5m이므로
최소한 5−4.6=0.4(m)=40(cm)를 더 높게 뛰어야 합니다.

5. 110~112cm

6. 5번

7. 135cm

8. 1번과 8번 학생
이유 : 몸무게가 많이 나갈수록 스노보드의 길이가 긴 것이 더 좋기 때문입니다.

디스커버리 수학 3권

1판 1쇄 | 2008년 10월 27일
지은이 | 웬디 클렘슨 Wendy Clemson, 데이비드 클렘슨 David Clemson,
조스 고어 Joss Gower, 올리 컨데일 Oli Cundale, 로라 베리 Laura Berry, 매트 킹 Matt King
옮긴이 | 나온교육연구소

펴낸이 | 김영곤

개발실장 | 이유남
책임개발 | 탁수진
기획개발 | 신동한, 신정숙, 김수경, 탁수진, 조국향
마케팅 | 주명석, 김연주, 김보미
영업 | 최창규, 서재필, 홍경욱
디자인 | 씨디자인

펴낸곳 | ㈜ 북이십일 아울북
등록번호 | 제10-1965호

주소 | 경기도 파주시 교하읍 문발리 파주출판정보산업단지 518-3(413-756)
전화 | 031-955-2154(마케팅), 031-955-2116(영업), 031-955-2444(내용문의)
팩스 | 031-955-2177

홈페이지 | www.keystudy.co.kr

값 10,000원
ISBN 978-89-509-1591-9
세트 ISBN 978-89-509-1604-6

USING
MATHS